半導体超進化論
世界を制する技術の未來

半導體超進化論

控制世界技術的未來

黑田忠廣 著
楊鈺儀 譯

推薦序

陳添枝／清華大學台北政經學院教授、
前中華經濟研究院院長

日本半導體產業在一九八八年的高峰時，在全球半導體市場的占有率超過一半，其中動態存取記憶體市占率約有八成，可謂獨步天下。那時候台積電剛剛成立，日本人沒把它放在眼裡。三十年以後，日本半導體產業在全球市占率只剩一成，製程技術落後台積電至少五個世代，距離全面崩解，似乎只有寸步之遙。

如何復興半導體產業，是近期日本學術界、產業界、政府最關注的議題。黑田忠廣這本書，為日本半導體的復興，提供了理論的基礎，並且指出了具體的道路。黑田是東京大學教授，也曾經是東芝半導體的工程師，產學經驗豐富，可謂日本半導體學界第一人，現在負責台積電的東大實驗室。他的理論和解決方案，已經落實為日本政府的政策，體現在吸引台積電赴日投資和 Rapidus 設立等案件上。

黑田形容台積電在熊本投資的效應，是日本產業發展的「黑船事件」。一八五三年美國的黑船（汽船）駛入橫濱港，逼迫日本幕府放棄鎖國政策，開啟日本現代化的序幕，使日本成為亞洲第一個工業化的國家。黑田認為台積電的投資，將使日本半導體產業由谷底翻身，重振雄風。他指出台積電的熊本工廠以及先前在橫濱設立的研發基地所提供的就業機會和開出的薪資，已經使日本年輕人重新燃起對半導體的熱情，這股熱情為日本半導體產業持續三十年的寒冬吹來春天的第一道暖風。他說過去他的學生，若有志於半導體的研究，常常遭遇家裡的反對，例如媽媽會說「研究甚麼半導體！最後不過跟你爸一樣坐在窗邊看報紙。」他說這種悲觀論現在消失了。黑田曾多次到台灣旅遊，他熟知八田與一的故事，他說台積電對日本半導體業的貢獻，將等同八田與一對台灣農業的貢獻。

黑田認為日本半導體產業由世界的高峰跌落谷底，是半導體的應用場域由物理空間轉移到虛擬空間的緣故。所謂物理空間是指家電、通信等提供生活便利性的物理功能，而虛擬空間指的是電腦、手機等虛擬世界的活動。日本人善於物理世界的創新，但拙於虛擬世界的想像，因而跟不上一九九〇年以後興起的個人電腦和手機浪潮。黑田認為下一世代的半導體應用場域，將回到物理空間，包括自動駕駛、物聯網等，都是物理空間。這是日本人熟悉的領域，如龍回深淵，將不再為魚蝦戲弄。

伴隨著應用空間的改變，產業競爭的原理亦將改變。過去在電腦、手機的時代，講究計算能力和計算速度，因此電晶體越做越小，每顆晶片所含的電晶體數目越來越多，產業競爭的基礎是製造能力，因此專注於製造的台積電成為世界的王者，甚至超越提供電腦和手機核心引擎的企業，例如英特爾。黑田認為電晶體的微縮工程已經到達極限，未來在人工智慧的世代，產品的複雜度、整合度、歧異度都增加，半導體的競爭基礎將是產品開發的速度和耗能多寡，這將使產品設計的重要性凸顯。典範轉移，也將為日本帶來機會。

日本政府支持 Rapidus 設立，預期將投資數兆日圓在北海道設立晶圓廠，和熊本的台積電分制南北，而且直接切入2奈米製程。這個方案，日本學界多數反對，認為是土法煉鋼，躁進無謀，黑田是少數贊成者之一。他贊成的理由，在書中有明確的說明，就請讀者自參。這個公司的名字裡，隱藏了「速度」的密碼，可見黑田的見解和這家公司的成立，有密切的關連。

本書是作者為一般讀者寫的書，不是專業書籍。書中雖引用專業術語，但作者以深入淺出的方式說明，讀起來應無窒礙。作者的漢語造詣頗深，多處出現四字成語，例如一陽來復（否極泰來）、百花撩亂（百花齊放）等等，譯者楊鈺儀的功力亦佳，如綠葉襯托紅花，相得益彰，真如百花撩亂、春意盎然。

目錄

III 構造改革 More Moore

IV 百花齊放 More than Moore——111

V 民主主義 More People

VI 超進化論 Epilogue 191

閱讀本書前先要知道的便利用語集

系統結構 電腦的基本設計與設計思想

後段製程 將晶片配線、封裝的工程

晶圓 將用單結晶矽製成的圓柱狀切成薄片型的圓盤狀板子。製造晶片的材料

閘極 開啟・關閉電晶體的控制端子

編譯 將程式設計語言編寫的原始程式碼轉換為電腦可直接執行的機器語言

專用晶片 沒有在市場上販售，用於特定用途的晶片。谷歌的AI晶片以及蘋果的CPU等

晶片 在矽晶基板上集聚電晶體以及配線等約1cm四方形的半導體積體電路

元件 電晶體、布線等電子電路零件

電晶體 能夠放大或切換電信號的半導體元件

半導體 具有通電導體和不通電的絕緣體中間性性質，能夠控制電流的物質

通用晶片 市面上有在販售，可作為一般用途的晶片。例如記憶晶片以及英特爾的CPU等

晶圓代工 專門從事製造晶片的企業。製造設計廠家開發的晶片

光罩 一種利用微影製程在矽晶基板上轉印元件或電路圖案的原板。為了製造晶片，會使用數十張光罩

微影製程 將光罩部分轉移至晶片上的技術。由塗上阻劑、曝光和顯影工序構成

流程 晶片製造工序

前製工程 在晶圓上製造元件的製造

摩爾定律 晶片的集成度會從1年半到2年變成2倍的經驗法則

記憶晶片 記憶資料的晶片

邏輯晶片 處理資料的晶片

ASIC Application Specific Integrated Circuit的簡寫。指特定應用積體電路，亦即專用晶片

CAD Computer-Aided Design的簡寫。指電腦輔助設計工具

CMOS Complementary Metal-Oxide-Semiconductor的簡寫。使P型和N型電晶體相輔相成運作的電路。截面結構為金屬（M）—氧化膜（O）—半導體（S），因此將電晶體稱為MOS。

CPU Central Processing Unit的簡寫。進行資料處理的晶片

DRAM Dynamic Random Access Memory的簡寫。暫時儲存資料的記憶晶片

EDA Electronic Design Automation的簡寫。自動化進行半導體以及電子機器的設計作業，或是該工具、軟體

EUV微影 EUV是Extreme Ultraviolet的簡寫。EUV微影是使用波長短的極紫外光的最尖端曝光技術

FinFET Fin Field-Effect Transistor的簡寫。與原本裝設在晶片表面的電晶體相較，為提高閘極的控制力而做成的立體構造電晶體。因與魚的鰭（Fin）相似而得名

Flash 能長期儲存資料的記憶晶片。有NAND型與NOR型

FPGA Field-Programmable Gate Array的簡寫，在製造後可程式化電路的體積電路

GAA Gate All Around的簡寫。是新型的電晶體，為能較FinFET更提高閘極的控制力，閘極環繞通道的構造

GPU Graphics Processing Unit的簡寫。擅長平行計算，適合處理圖像或AI的晶片

Imec Interuniversity Microelectronics Centre的簡寫。比利時的研究機關，以微細加工技術領先全球。

SoC System on a Chip的簡寫。將處理器核心、微控制器、專用機能等整合到單一晶片上，設計作為系統機能的晶片

TSMC Taiwan Semiconductor Manufacturing Company（台灣積體電路製造）的簡寫。位於臺灣，世界最大的晶圓代工廠

VLSI Very Large Scale Integration的簡寫。是整合了超過10萬個電晶體，複雜且大規模的晶片

序　寫給臺灣讀者們

熱水中煮著的青蛙突然跳了起來！

日本的半導體政策不正是像這樣展現在世界上的嗎？

日本的半導體產業在這四分之一個世紀間，簡直就像在熱水中煮著的青蛙。一九八八年時，日本企業的市占率還是50％，但之後就像從坡道上跌落下來般，成直線下降，至今只剩下10％。在這期間，雖然推出了幾項產業政策，但仍止不住凋零。一直有聲音批判日本的政策是too little、too late。

但是，這隻青蛙突然跳了起來。

Rapidus以製造Beyond 2nm為目標。國家下定決心，要認真致力於讓半導體產業再生。此次，日本的政策是large and quick，這讓世界大吃了一驚。

日本到底發生了什麼事呢？這正是本書的著眼點。

本書的另一個主體則是半導體的未來。

追求欲望，資本競爭正愈形激烈。半導體產業成了所謂的高血壓體質，這樣的半導體產業又有什麼樣的未來等在前方呢？我們能否不去爭奪霸權，而是做到推進民主化、生產出多種多樣的晶片，將世界導向繁榮？

這個答案的提示就藏在地球的多樣性之中。關於自然界的規律，自達爾文提倡進化論至今已經過了一百六十多年，最尖端的科學正試圖闡明生物們隱藏的進化機制。也就是說，除了展開嚴苛的生存競爭，另一方面又跨越了物種，複雜地相互連結在一起、相互幫助。那就是「共生」與「共進化」。而敏捷就掌握了這關鍵。

本書是在論述半導體的超進化論。

二〇二三年五月，本書在日本發售後，美國、中國、韓國也相繼提出了要翻譯出版本書。之所以會在臺灣出版，是透過了前中華經濟研究院院長陳添枝先生介紹給出版社。對此我深表感謝。

二〇二三年十一月

東京　黑田忠廣

I

否極泰來 Prologue

1 晚餐會——舞台是轉動的

二〇二二年十二月四日的晚上——。

在大倉東京酒店的大宴會廳「平安廳」充滿了四百人的熱氣。虛擬主持人出現在大螢幕上，人們終於落了座。

VIP 們並列坐在最前排的中央席次。

有自民黨半導體戰略推進議員聯盟會長甘利明、經濟產業大臣西村康稔、理化學研究所理事長五神真，還有經濟產業省商務情報政策局長野原論、總務課長西川和見、課長金指壽以及室長荻野洋平。

來自產業界的則有 NTT 會長澤田純、JSR 名譽董事會會長小柴滿信、東京威力科創前董事會會長常石哲男與總經理河合利樹、愛德萬測試總經理吉田芳明、SCREEN 集團總經理廣江敏朗、索尼半導體解決方案公司總經理清水照士、東芝記憶體總經理早坂伸夫、瑞薩電子總經理柴田英利、MIRISE Technologies 董事川原伸章、THK 總經理寺町彰博、堀場製作所董事會會長兼 CEO 堀場厚。

而且IBM研究所所長達里奧・吉爾（Darío Gil）與副所長穆克什・卡勒（Mukesh Khare）、imec最高戰略負責人約・德博客、SEMI（美商國際半導體產業有限公司）總裁阿吉特・馬諾查（Ajit Manocha）、TSMC副總經理何軍，還有TSMC日本總經理小野寺誠以及TSMC日本3DIC研究開發中心長江本裕也出席露臉。

而今晚的主角Rapidus董事會會長東哲郎與總經理小池淳義則坐在中央的位置上。所有人都在心中描繪著明亮的未來。

半導體產業是成長產業。

一九八二年，半導體市場為一五〇億美元（約三・七兆日幣），到了二〇二一年則來到了五〇〇〇億美元（約六十五兆日幣）。持續四十年都是以平均年利率9・4％在高度成長中。

當初半導體市場約為名目GDP 0・2％。但到了一九九〇年代中期便急遽上升至0・4％。到底發生了什麼事呢？

說起一九九〇年代中期發生的事，有很多人會回想起Windows95成了全球大賣的產品吧。在那之前，半導體多是用在家電製品上，像是電視機或錄影帶等豐富物理空間的物品上，但自那之後，也多用於電腦（ＰＣ）以及智慧型手機上。

而ＰＣ能創造出虛擬空間，手機則能拿著走。

也就是說，半導體的舞台從物理空間擴大到了虛擬空間，因此，半導體市場就從GDP０．２％成長到了０．４％。

近年，半導體市場以GDP０．６％為目標，再度出現急增的趨勢。因為新型冠狀肺炎而有特別需求，所以必須要更仔細地深入探究。市場已經開始調整局面。而若是調整後等在前方的是再度大規模成長，那麼半導體就會迎來第三波成長期。

半導體所創生出的新價值，是來自於高度融合物理空間與虛擬空間而誕生出數據驅動型社會，兼顧解決社會課題與經濟發展。

自動駕駛、機器人學，以及智慧城市就是這些例子。ＡＩ（人工智慧）將感測器收集到的物理空間即時資料利用虛擬空間的數位對映進行分析，然後隨即回歸物理空間來控制馬達。如此一來，人們就能在最短時間內，以最小能量，安全又舒適地移動到目的地。

世界上的半導體就是像這樣在可靠地成長著。

另一方面，我們再把焦點轉向日本國內。日本的半導體產業在這四分之一個世紀間，是處於休眠狀態。韓國、臺灣、中國都急速成長了，唯有日本沒有成長。

日本半導體凋零的原因有各式各樣。有關於日美貿易摩擦、日幣匯率高等經營環境的原因；有關於數據化以及水平分工進展緩慢等戰略上的原因（1）；有與日本的自前主義＊無法與韓臺中國家式企業育成對抗相關的原因等。

可是，潮流改變了。

經營環境因日美合作與日幣貶值而有好轉。此外，對電子產業以及晶圓代工產業的投資戰略也一變為進攻。同時，產業政策也轉變為與國際攜手並進。

國家下了決心，也就是賭上了國運，認真致力於再生半導體產業。

＊自前主義，日本過去秉持著製造至上，凡事都自己來的精神而形成的一種主義。

這次真的要改變了。

SEMI 主辦的展覽會「SEMICON Japan 二〇二二」的主題就是「改變未來。未來會改變」。

內閣總理大臣岸田文雄出席了開幕式並發出了如下的號召：

「不用說，半導體是支撐著數據化、脫碳化，同時確保經濟安全的關鍵技術(2)。是支援新資本主義的重要物質，讓綠化、數位等社會課題得以轉換為成長能源，並以實現能持續性的經濟社會為目標。

我們要克服新冠肺炎、推進社會經濟活動的正常化，同時利用日圓貶值的優勢。為此，針對支持社會的半導體，我們要戰術性地支援擴大國內投資，推進強化經濟構造。

引進至熊本的 TSMC 半導體工廠，據估算，在地方上，十年間會產生超過四兆日圓的經濟效果以及雇用超過七千人。

為了進一步推動與活化地方相關的投資，在前幾天成立的補充預算中，編立了一．三兆日圓(3)。據此，在全國展開半導體國內投資的同時，也推進了開發次世代的半導體。

我們必須要直視現實，亦即要在單一國家中維持半導體的供應鏈是很困難的。關於政府支援的半導體開發企劃，也要強化與全球間的合作。

Rapidus 公司負責量產將來次世代的半導體，昨天，該公司宣布與 IBM 締結共同開發夥伴關係。而且在與歐洲的 imec 合作的同時，以實現二〇二〇年代後半量產為目標（4）。

希望今後，可以由日本來提供最尖端的半導體，以支援全球大幅進化中的數位經濟，像是ＡＩ以及量子等高度計算的系統、自動駕駛以及次世代機器人等。」

2 東大動了起來——敏捷靈活！

五神理事長站在「平安廳」的舞台上。五神是在從東大的校長轉任至理研的理事長時，帶來了半導體與量子運算的戰略。

我是在二〇一九年的五月遇見了五神校長。安田講堂位在滿是耀眼新綠的本鄉校園，講堂的正面玄關在三樓。我給守衛看了身分證明文件後就進去，走下階梯，逆時針繞著走廊走後，出現了一個宛如祕密基地的空間。

五神校長問我，要復興日本的半導體產業需要些什麼？

我回答：「需要有效開發高效能專用晶片，實現３Ｄ集成的技術。」

我同時還加上了以下的說明。

「創造數據驅動型社會Society5.0所需要的是高度的運算（5）。這與能源並列，對日本來說同是最需要的資源。

運算的課題就是提升能源效率。資料中心的消耗電力會在十年後急遽增加十倍。若不解決能源危機，就無法持續發展數據驅動型社會。

造成能源危機的原因其實就在於ＡＩ。為了更高度分析爆炸性增加的數據資料，在過去十年內，ＡＩ的運算量增加到了四位數。另一方面，負責運算的通用處理器電效率，在這十年內卻只提高了一位數（6）。

提升能源轉換效率的技術就在半導體的精細化以及３Ｄ集成。在精細化上，日本大幅落後了世界的最尖端技術，所以這部分應該要向國外學習。

另一方面，在日本各處則都有在３Ｄ集成上必要的素材以及製造裝置的優秀技術。我認為應該要掌握住３Ｄ集成的關鍵。若能因３Ｄ集成而大幅縮短數據資料移動的距離，應該就能大量消減花費在移動數據資料的能源消耗上(7)。

進行３Ｄ集成的封裝工程，比起進行精細化所施作的晶圓工程在投資上少非常多，所以３Ｄ集成可以提高投資的效果。

另一方面，關於設計技術，除掉多餘線路的專用晶片與通用晶片相比，則是能大幅節約能源。GAFA以及特斯拉等已經開始進行開發專用晶片。通用晶片的時代是資本競爭的時代，但專用晶片的時代是知識競爭的時代。換言之，就是在追求設計開發的創新。

專用晶片的開發愈形困難，近年來，即便匯集了一百名設計者，在一年間也要花費一百億日圓的費用。若是需要這麼長時間與龐大的費用，人們對專用晶片的關注度就會降低，設計人口也會減少。日本就已經對此失去了關注度與能力，這麼一來，即便有能建造、製造新工廠的能力，也無法馬上強化產業力。

ＡＩ技術是日新月異的，會像軟體程式那樣，每個月都進行升級更新。在數位經濟，創造出高度融合晶圓與軟體的創新，以高速循環重複改良是關鍵，但若兩者的開發速度相差甚鉅，就會變得很困難。可是，若能製造出可以編譯程式並自動設計晶片的矽編譯器，就能快速（敏捷地）開發晶圓。

當然，自動設計出的電路性能與設計者花時間設計出最適恰的電路相比，做出的成果只有八十分，但這樣也足夠了。這也就是所謂的八十分主義。活用「帕雷托法則」（又稱八二法則）就可以在提高五倍開發效率這件事上找出附加價值。

再加上透過再利用設計資產，就必須要抑制設計規模爆炸性的增大。所以接下來，分拆成小晶片（Chiplet）就很重要。在組合、封裝小晶片中會完成系統，所以在這點上，３Ｄ會成為關鍵。」

東大的動作很快。

首先，在校園中開放進行社會合作的中心，於二〇一九年十月開設 d · lab。d · lab的「d」有如下的意思：在利用數位技術讓每個人都閃閃發光的時代（digital inclusion）中，以數據資料（data）為起點，從軟體到設備（device）都一致化，進行設計（design）領域特定型系統的研究。而且為了讓年輕世代繼承這些技術，辦公室是設在學生宿舍（dormitory）。

其次是在十一月時，發布了做為全世界的先驅，將與TMSC一同由全學校・全公司來進行半導體技術的共同研究。TSMC董事長劉德音以及負責的研究人員史丹佛大學教授黃漢森出席了共同記者會，與東大校長五神真以及當時的副校長、現任校長的藤井輝夫緊握住了手。

同時，在隔年的二〇二〇年八月，設立產官學合作以資訊管理為基礎來進行的技術研究組合RaaS。Raas是尖端系統技術研究組合（Research Association for Advanced Systems）的簡稱，以Research as a Service為目標，所以稱為RaaS。

現在d・lab的贊助會員有四十間公司，參與Rass的企業則累計有十二家。d・lab與RaaS的目標，就是將能源轉換效率發揮到十倍且開發效率也提升至十倍。Rapidus也有相同的目標。

而方法則是與Rapidus一同補足不足處。

也就是說，為了改善能源轉換效率，Rapidus 會深入研究精細化，而東大則是深入研究 3D 集成。同時，為了提升開發效率，Rapidus 會縮短製造期間，東大則是縮短設計期間。

3 More People——吸引來全世界的菁英吧

加上技術，培育人才也是很緊急的課題。技術是因人而異的。

因此，在二〇二二年四月，開始了半導體民主化據點的 Agile-X。

所謂的敏捷，意思就是「快速」「機敏」。所以要建構能將開發專用晶片時所需時間與費用縮短至十分之一的開發系統平台，吸引來全球的菁英。其結果就是，只要設計專用晶片的人口增加到十倍，就能將半導體民主化。這就是 Agile-X 的目標。

以民主化為目標的背景中，有著「集體大腦」這樣的想法。這樣的發想就是透過交織更多人的創意誕生出技術的革新。

例如飄浮在南太平洋的各島嶼上，可以看到使用在漁業上的道具種類以及島民人口間有著很強的關連。換句話說，愈多人的島嶼使用的道具愈多。

同樣地，也有說明指出，儘管智人比尼安德塔人的腦容量較小，但卻會發明、利用各種道具的原因正是在於智人形成了較大的集團。

若能有更多的人來參與開發自己的晶片，應該就會產生出更多的創意。以這樣的想法為基礎，半導體的民主化運動便靜靜地在世界上開始動了起來。

TSMC 董事長劉德音以如下的談話總結了二〇二一年國際會議 ISSCC（國際固態電路研討會）的主題演講。

「創新發明是在想法自由交流中所產生的。透過更多的人來經手自己的半導體，就能將創新發明民主化。」

一九五九年，物理學家理察・費曼（Richard Phillips Feynman）在演講上提到了「There's plenty of room at the bottom」意即「奈米及領域還有許多很有趣的東西」，因為這句話，全世界開始深入研究微細元件。最終誕生出微電子學，發展出納電子學。

在逼近微細化的界限中，透過微細化更深入研究摩爾定律的 More Moore 研究現正持續中。

最近，也開始了目標為創造新價值的 More than Moore 研究，以取代微細化。3D 集成的研究有很高的投資效果，所以匯集了全世界的投資。

我吟味著費曼的話後，說出了「There's plenty of room at the TOP」這句話。

我們很接近實現集成度超過一千億電晶體的晶片。英特爾 CEO 派屈克・格爾辛格（Patrick Paul Gelsinger）預言說，二〇三〇年前，我們能在封裝中集成一兆個電晶體。

為了能讓更多人參與進來，創生技術革新，More People 的研究就變得很重要。

所以只有大企業能開發專用晶片，是因為產業系統最適合工業化社會的大量生產。

在知價社會中，比起性價比，時間性能是更為重要的。因為時間就是金錢，所以時間性能中就包含了性價比。

研究人員比所有人都更知道迅速的價值。發表論文都是爭分奪秒的。半導體透過向研究人員靠攏，對科學的發展將有所貢獻，這點很重要。

推進半導體民主化，吸引來全球菁英。目標是做大餡餅，而不是搶餡餅。

培育人才是學界的任務。而人才正是日本的資本，能開拓日本的未來。

日本要向世界學習More Moore，而且要能透過More than Moore以及More People對世界做出貢獻。

然後在日本建構出高度運算的基礎設施。加上從前的位元，將量子位元與神經元組合成混合動力，同時透過融合軟體與電腦硬體，就能具備高度計算能力，完善從全國各地都能發訊的通信網。這就是日本應該致力於建設的數位社會基礎設施。

4 半導體森林——共生與共進化

半導體是戰略物資。圍繞著技術霸權而壯大的遊戲獲勝者會是誰呢？地政學的風險是更高一些的，只會讓全世界的前景愈漸不透明。

我們是否能做到不去奪取霸權，而是推進民主化，讓半導體成為世界的共通資產、人類的共有財產，生產出多樣化的晶片，使世界繁榮發展呢？

這個回答的提示就藏在地球的多樣性之中。

白堊紀（約一億四千五百萬年前～六千六百萬年前）以前，生物的種類只有現在的十分之一。

但是花朵的誕生讓地球為之一變(8)。

植物將花粉交由昆蟲搬運以授粉。此前的植物都是單方面被食用，而今則出現了利用昆蟲的大轉變。

花朵為了吸引昆蟲前來會爭妍鬥豔，昆蟲則會配合花朵形狀的變化而提高飛翔能力。彼此都會有讓彼此進化的進化應對，不斷重複著共同進化。

這麼一來，森林就會變得豐富，吃那些聚集在花叢間昆蟲的哺乳類會變得多樣化，而靈長類也會因為花朵所結成的果實跟著進化。

最終，花朵就獲得了嶄新的能力。

植物提升了世代交替的速度。從授粉到受精所需要的時間從一年，縮短到幾小時。

這會讓所有生物的進化加速。

$$y = a(1 + r)^n$$

這是複利計算的公式。r是利率，n是使用次數。本來的a雖然很小，但只要長久使用，將來價值就會變大。

把n換成了1／t後，就是數位經濟的基本式子。t是開發的週期時間（cycle time）。這個公式也適用於提升晶片性能以及公司成長。

換言之，以高速循環重複多次改良，就是數位經濟的成長戰略。重要的是，比起改善率（r），更要加大改善次數（n），亦即縮短開發的週期時間（t）。

因此要很敏捷。

生物們在重複著生存競爭的同時，另一方面，也跨越物種，複雜地相互有所關連、協力互助地活了下來。共生並且共進化。可以說，敏捷正掌握握著那分關鍵。

若我們將植物置換為晶片、將昆蟲置換為晶片使用者、將森林置換為生態系統來看，情況會是如何呢？從競爭轉變到共生、共進化的半導體之「花」究竟是什麼呢？

◇ ◇ ◇

「平安廳」的宴會也很盡興。

虛擬主持人邀請了小提琴家葉加瀨太郎上臺。在人們的智慧型手機中，數千億個半導體開關開・關了幾億次（9）。

葉加瀨太郎說：「我會演奏《Another Sky》。飛機也有使用許多的半導體。」

這句話引發了全會場大笑。

我只要一聽到《藍色狂想曲》（*Rhapsody in Blue*）就會回想起天空的旅行，但在這時候，我想起了這兩個月來在海外出差的匆忙日子。

九月十九日：在比利時的 imec 與總裁盧克・范登霍夫舉行協商

九月二十四日：與紐約 IBM 研究所所長達里奧・吉爾舉行協商

九月二十六日：在奧爾巴尼奈米技術中心與 IBM 穆克什・卡勒等人交換意見・資訊

九月二十八日：在普林斯頓大學進行研究交流

十月五日：在加州大學柏克萊分校進行研究交流

十月六日：在勞倫斯柏克萊國家實驗室進行研究交流

十月十日～十四日：參加日本政府的美國使節團參訪商務部（DOC）等

十月三十一日：在 SEMI 國際會議 ITPC 上參與關於培養人才的討論會

十一月七日：在 imec 技術論壇上發布 d・lab 與 imec 合作

十一月二十九日：與 d.lab 贊助會員參訪筑波的 TSMC 日本 3DIC 研究開發中心

我與今晚聚集在「平安廳」的人們，在這兩個月內見過幾次面也交換過意見。建構共同合作的網路是當務之急。

坐在我隔壁的是經產省的金指壽課長，他從位子上站了起來，並說：「我接下來還有 DOC 的會議，所以就先失陪了。各位辛苦了。」

眼前，葉加瀨太郎演奏起了《情熱大陸》。

終於要開始了——。

II

捲土重來 Game Change

1 半導體戰略——先發制人

Game Change

二〇二一年六月，日本經濟產業省發布了半導體戰略。其中有一份資料上的題目為「日本的凋零」。一九八八年，日本企業還占據了全世界50％的市占率，但之後，就像在坡道上跌倒般，垂直下降，至今僅剩10％的市占率。國民的關注度因而聚焦於此。

在這三十年間，全球半導體年率持續以超過5％的高度成長，與之相對，日本卻完全沒成長。若照這樣下去，將只會變成是「日本市占率幾乎變為0％?!」另一方面，全球市場今後將隨著數位革命的潮流，以年率8％急速成長，到了二〇三〇年，將會突破現今的兩倍約一百兆日圓。

我們是否有逆轉情勢的劇本呢？

半導體戰略的要點，一言以蔽之，就是積極投資微細化技術。

不過，僅憑常規，很難找回失落的三十年。我們必須要預見競爭舞台的第二幕並先行投資。就劍道來說，就是「先發制人」(10)。

為了能持續解讀現下複雜的情勢，就必須要理解會產生出這種差異的三種變化。一個是產業的主角交替。邏輯半導體的主戰場從英特爾等的晶片製造商開發的通用晶片轉移到了GAFA等晶片用戶開發的專用晶片。

讓我們來看一下美國二十五間有實力的風險投資公司從二〇一七年起三年內投資的案件。他們居然集中投資在專用晶片與AI晶片上，而且是投資記憶體的九倍。

專用晶片的時代到來了（圖2-1）。

話說回來，過去，在一九八五年到二〇〇〇年左右，半導體商業的王道曾是規格化大量生產通用晶片，但也有特別訂購少量生產專用晶片的時候。透過將散落在通用晶片間的邏輯電路統整到一個專用晶片上，就能消滅商品的製造成本。

不過開發專用晶片要花不少費用。因此，從美國大學中陸續誕生出使用電腦的自動設計技術。

圖 2-1　因著數據社會的能源危機以及摩爾定律的減速，專用晶片的時代於是到來

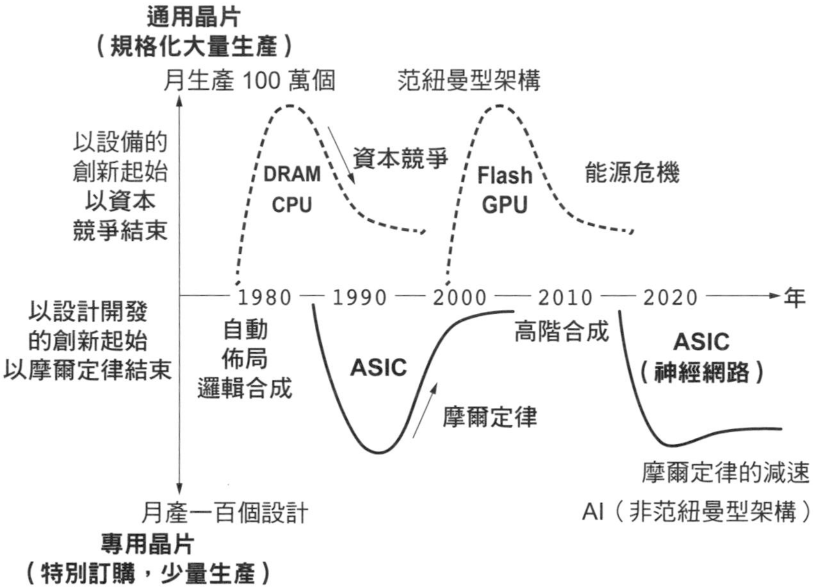

（註）ASIC：Application Specific Integrated Circuit
（出處）T. Kuroda, ISSCC 2010 Panel Discussion, “Semiconductor Industry in 2025”

可是，經過十五年後，因為摩爾定律，集積度增加了三位數，最終，設計就跟不上了。於是，專用晶片的時代就結束了⑪。

至今再度出現Game Change（在很大程度上改變某一領域條件）的背景就是能源危機。要利用AI來分析爆炸性增大的資料，就需要龐大的能源。與通用晶片相比，絕對是更需要因

消除掉無用電路而能節約能源的專用晶片，絕對是更需要能節約能源的專用晶片。

利用專用晶片（硬體）來加速ＡＩ的處理，同時利用通用晶片（軟體）來處理多種功能。也就是說，兩者的合理分配對綠色成長來說是不可或缺的。

典範轉移

第二個變化就是市場的潮流。

每四分之一個世紀，就會有巨浪推向半導體市場。現今就正是時候。

從一九七〇年到一九九五年的家電、一九八五年到二〇一〇年的ＰＣ，以及二〇〇〇年到二〇二五年的智慧型手機。日本雖掌握住了最開始的潮流，卻沒能跟上第二．第三波的浪潮。所以，準備好面對第四波浪潮很重要。

家電是因模擬技術而實現「物理空間」的便利化。另一方面，ＰＣ則是因著數位技術而開創出「網路空間」、智慧型手機則是因著無線網路的技術而實現隨身帶著網路空間走。

如今襲來的第四波目標是，利用感測器、ＡＩ、馬達來高度融合網路空間與物理空間，以解決經濟發展與社會性課題。也就是說，是開創出利用「數位對映」，以人為中心的社會「Society 5.0」。

例如包含汽車、無人機等移動機器人在內的機器人技術。

根據未來學者漢斯．莫拉維克（Hans Moravec）指出，機器人技術的智能現在雖與老鼠相等，但到了二〇三〇年，就會進化至與猴子並列，到了二〇四〇年，技能將達至與人類相同。智慧型機器人從移動．物流．服務到醫療．照護．娛樂等都會煥然一新。

這完全就是「課題先進國」日本能領導世界的市場。日本在擅長的物理空間精密加工上也能發揮實力。

當然，第四波浪潮不會就此停止。在測試發想力的同時，也要求有能立刻將想法用在晶片上的迅速開發力。

而第三個變化則是技術的典範轉移。

一九五〇年代的電腦是透過切換演算器之間的接線來進行程式設計的「接線邏輯方式」。

圖 2-2　從范紐曼型到神經迴路網

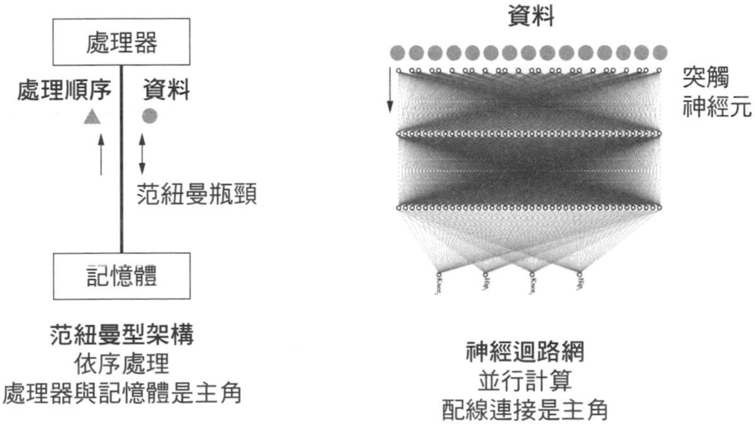

（出處）筆者製作

這個方式有兩個缺點。那就是可處理程式的最大規模會受到預先準備好硬體規模限制的「規模限制問題」，以及系統一旦變大了規模，連接數就會增大的「大規模系統連接問題」。

因此，數學家范紐曼（John von Neumann）發明了「程式儲存方式」（范紐曼型架構）將處理對象的資料、資料的移動以及指示運算的指令先存到了記憶體裡，然後處理器再依次解釋該指令並進行運算處理。這方式並非先準備好多個演算器，然後用物理方式將它們連接起來，而是在一個演算器上，透過單一個演算器來執行每個週期不同的指令，以求解決規模限制的問題。這可說是一個劃時代的方法轉換。

另一方面，透過各種角度來檢討「大規模系統連接問題」所誕生出來的解決方法，是由電子技術人員傑克・基爾比（Jack Kilby）於一九五八年所發明的積體電路（ＩＣ）。透過使用微影製程，將元件集聚在一張晶片上並統一佈線，就漂亮地解決了這個問題。

針對持續超過半世紀的這兩個基本方式，如今出現了典範轉移。

其中一個是從范紐曼型架構轉換到神經迴路網（人工神經網路，圖2-2）。

本來資料是在處理器與記憶體之間來回傳輸並一點一滴地依序處理，如今取而代之的是，資料在神經迴路網中通暢地流動，一口氣並行計算。其結果就是大幅地改善了能源轉換效率。

電腦在范紐曼型架構時期時，是大量地販售著處理器與記憶體，但今後應該是裝配有處理ＡＩ用的神經迴路網專用的晶片市場會發展起來吧。主角從處理器與記憶體轉移到了神經迴路網的配線連接。這有點像是從腦幹、小腦到大腦的生物進化。

人類的大腦在出生後約有五十兆的突觸，到進入小學時會增加二十倍。之後在不斷的學習中，就會去除不怎麼使用到的突觸，最終完成了精鍊的高效率腦迴路。也就

圖 2-3 從微細化轉為 3D 集成

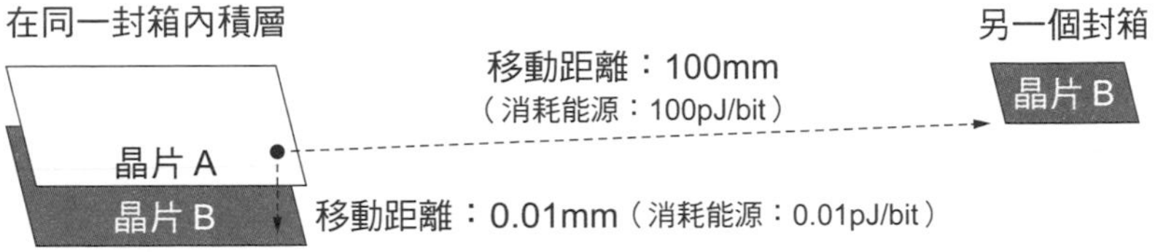

因 3D 集成而大幅減少移動資料所需能源

（出處）筆者製作

是說，人們能在遊玩中成長，並因著學習而提高效率。

神經迴路網也是依循著相同的過程。而現在正有大量研究是關於透過機械學習所習得的消除法。

另一個典範轉移，則是從微細化轉移至3D集成（圖2-3）。

微細化也終將到達極限。3D集成在移動資料上能大幅削減所需能源。這就有點像是本來要去國會圖書館才能獲取的資料，如今卻是觸手可及。

這麼一來，我們將再次挑戰一九五〇年代的兩個根源性問題。在摩爾定律即將迎來終結時，我們將有機會對延伸現有技術上前所未有的破壞式創新（Disruptive innovation）進行實用化。

圖 2-4　從貪婪成長變成綠色成長

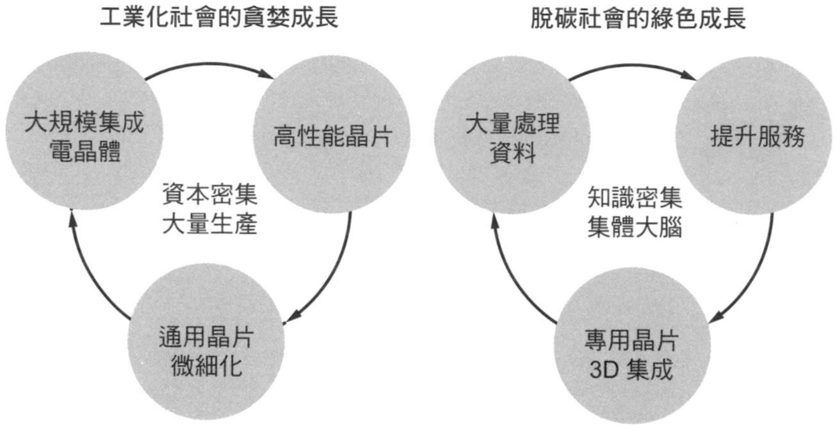

（出處）筆者製作

綠色成長戰略

就像從至今為止的考察中我們所得知的，在各種變化的根源中，都有能源問題。為了提高能源轉換效率，產業的主角交替了，從通用晶片變成了專用晶片；架構革新了，從范紐曼型架構革新成了神經迴路網；技術體系改變了，從微細化轉變成了3D集成。

同時，社會也從資本密集型的工業化社會進化為知識密集型的知價社會。現在的價值也轉移了，大規模集成電晶體的便宜晶片已經不再有價值，而是能有效運用能源處理大量資料的能力，以及活用這項能力而創造出優良的服務才有價值。

不過今後，碳中和的限制會變得沉重起來，所以必須嚴格削減能源的消耗。當然，我們必須要進行一大轉變，亦即從此前的貪婪（貪欲）式成長戰略轉變為綠色成長戰略（圖2-4）。

綠色成長戰略的「三枝箭」就是開創出3D集成的關鍵技術、打造能敏捷開發出專用晶片的平台，以及保全植根於國內群生的產業生態系統。

無法改善能源轉換效率就不會成長，沒有改善開發率就不會有專用晶片。也就是說，接下來最優先的課題是追求時間性能。當然，因為時間就是金錢，所以一直以來的性價比也包含在內。

前英國首相溫斯頓．邱吉爾在遭遇國難時曾說過如下的話：

「要認真面對眼前的困難及大問題。這麼一來就會明白，那些困難及問題其實比我們所想要來得小。可是若是逃避那些困難及問題，困難就會變成兩倍大並在之後向我們襲來。」

創立英特爾的勞勃・諾伊斯曾說過：

「要想創新就一定要樂觀。去尋求變化，不要害怕危險，離開安居之地，踏出冒險之旅（12）。」

從今天開始，日本要帶著覺悟與樂觀來反轉市占率。

2　從通用晶片到專用晶片——半導體產業的 Game Change

通用晶片的時代與專用晶片的時代

通用品是因為大量生產統一規格而能降低價格才得以廣泛普及。另一方面，專用品則是價格雖高，但能提供優越的性能、品質・信賴性。

半導體商業的主角就是通用晶片。一年的市場有五十兆日圓，生產兩兆個晶片，平均單價僅有二十五日圓。

即便是投入了一兆日圓進行建設了最尖端工廠，其所產出的最尖端晶片也僅賣幾百日圓。是薄利多銷的商業。

之所以能大量販售通用晶片的原因就在於**電腦採用了范紐曼型架構**。從記憶體讀取出處理步驟及資料，處理器再按照那個步驟將處理完的資料存回記憶體。只要逐次重複這些過程，再複雜的處理都能進行，而且只要改變處理步驟，也就是過程，不論怎樣的處理也都能進行。

也就是說，人們設想，電腦的發展就是要大量生產處理器以及記憶體，並讓硬體普及，同時透過軟體，在各種用途上做應用，半導體商業的王道就是便宜且大量提供處理器與記憶體[13]。

只要開始靈活運用大數據，接下來就要加入感測器。

這場商業戰的打法就是資本競爭。DRAM 以及快閃記憶體，又或者是 CPU 以及 GPU 這些晶片被發明出來後，人們意識到那會成為一大商機並投入了巨大的資本，所以很快就出現過度競爭。行業重組的結果就是壟斷化。

日本雖在元件的創新上獲勝，在資本競爭中卻輸了(14)。

另一方面，專用晶片也曾有過成功的時代。從一九八五年到二〇〇〇年間，ASIC（特定應用積體電路）打造出了極大的市場。

能相互連接處理器與記憶體的邏輯閘因各系統不同而有差異。當初雖是透過組合標準邏輯晶片以實現，但透過在 ASIC 上集成這些晶片，便得以削減成本及面積。

而且，利用電腦設計技術（CAD）大幅降低開發費用與時間，是 ASIC 盈利的一大主因。如果是複雜的晶片，需要一百名以上設計者，花上超過一年的時間設計；但若是使用 CAD，只要一名設計者花上一個月的時間就能設計得出來。

在一九八〇年代，以加州大學柏克萊分校為中心，研究開發出了自動生成佈局以及邏輯的技術，也誕生出了工具供應商。就像利用半訂製製作西服那樣，也開發出了半客製化的製造方式，也就是製造半完成品的晶片，最後按客戶要求訂製配線。

因著這樣設計開發的創新，開發效率一口氣提高了三位數。

可是十五年後，因著摩爾定律，集成度增加了三位數。即便是利用電腦，也要比從前花上更多人力與時間。最後，ASIC商業無法獲取營利，便結束了。

誠如上述，**通用的時代是以硬體創新拉開序幕，以資本競爭閉幕**。另一方面，**專用的時代則是以設計開發的創新拉開序幕，以摩爾定律閉幕**(15)。

Game Change——GAFA開始自行開發專用晶片

時間來到現在，出現了Game Change。若是從英特爾或是高通等半導體專門製造商那裡採買通用晶片，就無法在競爭中勝出。有所感知的GAFA等龐大IT企業於是開始自行開發專用晶片。

其背景有三個原因。

第一個原因是**數位社會特有的「能源危機」**。資料遽增，AI處理高度化，能源危機也正在加劇。

若假定以現在的技術完全無法採取節能措施，二〇三〇年時，單是IT相關機器所消耗掉的電力，將會是現在總電力的近兩倍，到了二〇五〇年，預測將會是約兩百倍。

若是花費了龐大的能源在數位化轉型上，並破壞了地球環境，就無法期望會有永續的未來。

晶片的消耗電力以前是0．1瓦特左右。根據理想的微縮（微細化）方案，應該可以在保持一定的功率密度下改善性價比。

可是實際上，將改善性能優先於一切的結果是，電力在十五年內增加一千倍，直到二〇〇〇年就達至一百瓦特。晶片的功率密度超過料理用電烤盤的三十倍，還要耗費龐大電力去冷卻雲端伺服器。

若是超過冷卻的界限，即便完成了集成，無法使用的電晶體也將同時增多。在7nm（奈米）世代有3／4的電晶體、5nm世代是4／5的電晶體同時無法使用。在這樣的制約下，唯有能將能源轉換效率提高到十倍的人，才能把電腦打造成是十倍的高性能，並且使用手機的時間能長達十倍。(16)

與能完成各種任務的通用晶片相比，消除掉無用電路的專用晶片能將能源轉換效率提高到十倍以上。

各公司開始自主開發專用晶片的第二個原因是AI的出現。神經迴路網以及深度學習教給了擁有資料者處理資訊的新方法。

神經迴路網的佈線邏輯就和我們大腦一樣，是佈線連結以賦予機能。與依序計算的范紐曼型架構相比，平行計算能將電效率提高到十倍以上。

第三個原因是分工化發展的產業構造。TSMC 等的晶圓代工是世界的工廠，為了讓使用者自己引出ＡＩ最大化的性能，自家公司就要能開發出可以配合商業模式的半導體晶片。

若是大量使用晶片的ＩＴ平台，就能比從半導體供應商那裡更快採購到更便宜、性能更高的晶片。

思考知識密集型社會中的製造業

從前艾倫．凱（Alan Kay）曾說過：「認真在思考軟體的人會靠自己製造出硬體來。」在系統開發中是需要硬體與軟體兩者的。

在要求要大量使用控制的邏輯性、計算性資訊處理中，會使用到范紐曼型架構的通用晶片；要求高度ＡＩ的直觀性、空間性資訊處理，則會使用電效率高的專用晶片。

於是，人們開始研究起了新架構。

當然，在通用晶片與專用晶片中，也一直都有低價格與高性能的折衷選擇。

例如關於資訊通信，在數量比較少的基礎設施側，可以通過活用虛擬技術來盡可能以通用晶片實現功能。另一方面，就數量上比較多的線路方來說，就會想推進使用專用晶片來提高性能，將資料自產自銷。

專用晶片所要求的並非資本力而是學術。就像從前加州大學柏克萊分校創造出自動生成佈局以及邏輯的技術那樣，**現在也需要開創出能自動生成機能以及系統的學術。大學所肩負的責任變重了**（17）。

二十世紀是「通用」的時代。戰後，在物量崇拜與經濟效率的禮讚下，大量的標準生產帶動了經濟成長。

最終，價值轉移了，從全體的成長變成了個人的充實。結果，工業社會結束了，知價社會開始了。

這個變化是從先進國家蔓延到發展中國家，過程中，日本因持續大規模量產而獲得了暫時的繁榮，可是最後卻步上了亞洲諸國的後塵。

本世紀會成為「專用」的時代吧。從資本密集到知識密集、從標準到智慧、從量的擴大到質的發展、從物質到精神、從便利到愉快、從產品到服務、從大量到多樣、從統一到個性化、從所有人都能做到其他人做不到，價值都在轉移。

這時候製造業會變得如何呢？尋找這個答案就是我們的使命。

3 從產業糧食到社會神經元——後新冠時代的半導體

消耗龐大能源的遠距社會

我有位朋友住在美國，他把家建造在森林裡，進行著遠距工作。他的工作是開發EDA（電子設計自動化）工具，所以只要有電腦跟網路就能工作。我本是這麼認為的，但是……。

新冠肺炎感染的擴大開啟了遠端社會之門。大家都知道了線上會議比想像中還有用，有超過三人一起說話時很方便。

二〇〇五年時，在京都舉辦的國際會議 VLSI 研討會的晚餐會上，我做為企畫委員長，無意間做出了如下的致詞：

「各位，請試著想像一下。將來或許我們會在網路上召開國際會議。」

「研究發表、座談會、走廊上站著聊天也都能線上進行。大家在自家就可以參加了。」

「宴會也行？……」

「透過宅配收取比薩、從冰箱拿出啤酒……這有點無聊呢。」

「今晚就享受京都的料理與好酒，請盡情享受與老友間交心的談話吧。」

「乾杯！」

現在，國際會議的主辦者簡直就是一臉打開潘朵拉盒子的擔心樣。因為連網上飲酒會都登場了。

支援數位化轉型以及數據驅動型服務的就是大數據的急速增加以及ＡＩ處理的高度化。而這件事也會連帶地讓能源消耗呈爆發性的增加。

誠如前述，**據推測，在二〇三〇年，單消費於ＩＴ關連的機器上的電力就會將近於現在總電力的兩倍。而且預測在二〇五〇年，總電力的消費量也將達至現在的約兩百倍。**

其中原因之一就是通信資料的激增。二〇一六年時年間約是4．7ＺＢ，但到了二〇三〇年，就會增加到四倍的17ＺＢ，到了二〇五〇年則是增加到四千倍的兩萬兩百ＺＢ。所謂的ＺＢ指的是十的二十一次方。在二〇五〇年，4ＧＢ的DRAM晶片實際上將會需要五千兆晶片。

就能源效率的觀點來看，資訊的地產地消很是重要，但另一方面，來自龐大ＩＴ企業的資訊集成以及獨占也有所進展。

再加上ＡＩ處理變得高度化了。為了理解隱藏在資料背後的意義，並將之轉化為有助於社會的服務，就需要龐大的計算。

實際上，自深度學習登場以來，ＡＩ處理的計算量在十年內就增加了四位數。另一方面，處理這些的通用晶片電效率卻只有改善一位數。

也就是說，若沒有大幅改善通信機器以及電腦的的能源效率，就無法期待社會有持續成長的可能性。

消費能源激增的原因就出在半導體。而解決這問題的關鍵也掌握在半導體手中。

從產業米糧到社會的神經元

二〇一九年時，全世界共生產了一．九兆個半導體晶片。

市場的細目為製造業15%、保健15%、保險11%、銀行・證券10%、批發零售8%、電腦8%、政府7%、交通6%、公共事業5%、不動產・業務服務4%、農業4%、通訊3%，以及其他4%。

其實在社會上的各角落中都有在使用著半導體。另一方面，或許也有人會驚訝於通訊的市場竟還這麼小。

但是就像前面說過的，不久的將來，通訊量會爆炸性的增加。引起次世代半導體需求的，就是次世代通訊的「後5G」。

後5G使用了高頻。頻率愈高，電波的直進性愈強，而且無法傳遞到遠方。因此須要設立更多的基地台。

而且低延遲、高服務也備受期待。也就是說，基地台被要求要有高性能的數據處理能力。

後5G之所以被認為是引致出次世代半導體需求的原因，就是因為預想到會有這些狀況。

今後，物聯網（Iot）、遠距醫療等數位醫療．醫療保健，同時再加上移動性的服務，將會形成半導體龐大的市場。這可以說就是社會的神經系統。

亦即也可以說，**半導體從產業的米糧發展成了社會的神經元。半導體完全就是人類的共有財產。**

透過從工業社會的相關零件成長為支援知價社會的戰略物資，半導體的價值指標從成本變成了性能，尤其是電力性能。再加上使用了基礎設施。上市時間與信賴性也變得很重要。

要解決社會的能源問題，就只能提高半導體的能源效率。透過使用專用晶片，就能比通用晶片提高兩位數左右的電效率[18]。這是因為在使用者與使用情況透明的專用晶片中，沒有因要滿足未知使用者各種要求的通用性和持續性而有無謂的浪費。

可是，開發專用晶片的成本很高，不是誰都願意去做的。因此，國內開發專用晶片的勢頭便下滑並開始空洞化。

所以，要將**專用晶片的開發成本降為十分之一，讓有系統創意的所有人都能設計專用晶片，而且還要將使用最尖端半導體技術的能源消耗減至十分之一，這才是實現數據驅動型社會所必須的。**

半導體要從產業的米糧進化到社會的神經元，產業結構就必須要有所變革，要從上世紀的資本密集型轉變成本世紀的知識密集型。

打造數據文明

著有《人類大歷史：從野獸到扮演上帝》（二〇一八年，天下出版）的尤瓦爾．哈拉瑞（Yuval Noah Harari）警告說，科技會代替活生生的間諜，連「皮膚下的資訊」

也會被洩漏。

在防止新冠肺炎感染擴大的應對方式中，逐漸形成了監視社會。科技對社會的影響變得極大。我們的文明會變得如何呢？也有意見說，我們現正站在緊要關頭。

只要有智慧，科技就能代為實現。也就是說，若威脅到安全性以及隱私性的是半導體，那麼解決這些問題的就也會是半導體。

可是，要高度保護安全性以及隱私性，當然就會增加半導體的能源消耗。亦即，最後還是會回歸到半導體能源的問題上。

而在這之前，有「心」的問題。

數位擅長處理邏輯，但感性是類比的。現在開始，我們將要利用數位來追求人類的幸福。

五感和數位相互轉換的感測器以及操作器、回饋感覺的控制技術、交換價值的公學、科技不會危害社會的法律體系，若沒有上述的這些討論，就不可能推進「將大腦連接到網路上」這件事。

在遠古時代，大腦創造了社會、產生出了心靈。人知道自己的想法並將之化為能

圖 2-5　晶片的電效率在 20 年間改善了 3 位數，在 2030 年時就會逼近大腦的電效率

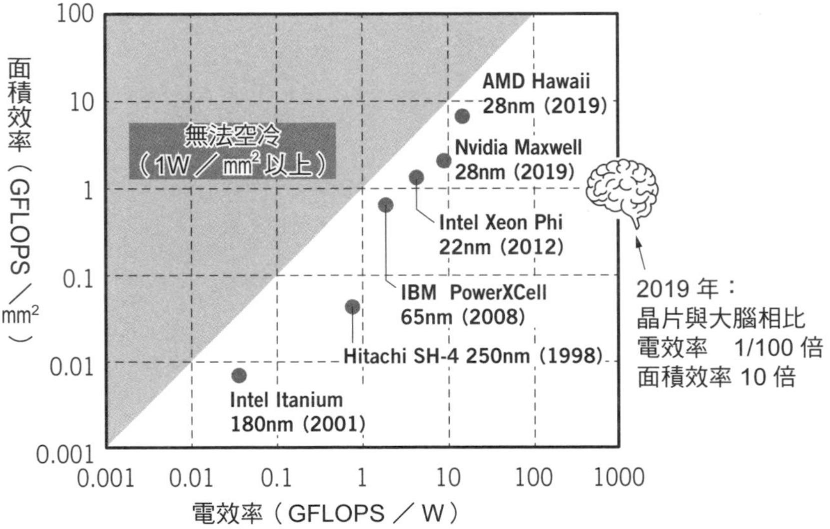

（出處）筆者製作

表達的語言後，透過邏輯性思考，擴張了認知能力，學會了數學。數學最終超越了主觀的直覺，昇華成抽象的記號體系，然後從大腦中滿溢而出，產生了電腦。電腦產生出晶片，晶片因微縮而呈指數增長，然後縮小了電腦。而最終變得極小的電腦又再度回歸到我們的身體裡（圖 2-5）。

4 從水庫到半導體——數位社會的基礎設施

八田水庫與 TSMC

距今一百年前，臺灣建設了烏山頭水庫。在美國的胡佛水壩建造完成前，這座水庫曾是全世界最大的水庫。監督水庫建設的是日本土木技術師八田與一。為表彰他的功績，水庫也名為八田水庫而廣為人知。

八田是在一九一〇年畢業於東京帝國大學工學院土木系，並就任於臺灣總督府土木課的技師。他調查了在臺灣南部廣闊的不毛大地——嘉南平原。這片土地上很缺乏灌溉設施，所以農民經常為日照、豪雨以及排水不良所苦。

八田透過進行利水事業，提議要將這片荒野改變成是穀倉地帶，而國會認可了這一點。受益者們組成公會來施行業務，而費用的一半則由國家經費支出。八田主動捨棄了國家公務員的身分，成為這個公會的工程師，帶頭指揮建設水庫。

總施工的費用為五千四百萬日圓。就當時來說，是日本史上空前的大工程。從貫穿烏山嶺三〇七八公尺曾文溪的主流引水到水壩的工程中，犧牲了許多人。八田直到完成這件大工程前，都和妻子以及八名孩子居住在建造在工程現場約三十坪的簡陋日式住宅中。

歷經了十年的歲月，八田水庫完成了。

而且在嘉南平原一帶有綿延一萬六千公里的水道，形成了一條細長的河道。這簡直可以說是流水的萬里長城。萬里長城的長度只有兩千七百公里，而這條水路的長度則遠遠超過了這個數字。

水從這條水路流出來時，當地六十萬名農民都開心地說：

「神之水來啦！」

因過於感激而流下淚來。據說，這條水路在往後，大大地潤澤了嘉南平原。

嘉南至今仍留有八田的銅像，戰爭中時，也被當地人們謹慎地保護起來。嘉南的農民在經過這尊銅像前時，可以看到所有人都會雙手合十進行膜拜。八田的忌日是五月八日，在這天，嘉南的人們都會來到與一以及他妻子的墓前進行墓前祭。八田是愛著臺灣的日本人，也是做為嘉南大圳之父而被臺灣所愛的日本人。

自建設八田水庫歷經了一百年的現今，因著日本與臺灣的合作，再度展開了歷史性的大事業。

這回，**水庫改成了半導體。**

高純度的矽取代了沙土[19]。

水被數據所取代，利水則被數據使用所取代。

社會從農耕社會·Society2.0進化成以人為主的社會·Society5.0，水路的萬里長城則換成了數據的萬里長城。

在微小的晶片中，有無數的配線集成，數據就在其中移動。將這些配線從晶片中拉出的總長，有十公里這麼長。

TSMC的工廠每個月都會製造數百萬枚排列有一千個晶片的晶圓。假設將所有這些晶片的配線連結起來，全長會達至十億公里，數據可以繞地球兩萬五千週。

熊本縣菊陽町——。在超過二十公頃的廣闊土地上排列著很多建築起重機。這是TSMC熊本工廠的建設。未來會有一千七百人在這新工廠中工作。其中，有三百人是TSMC的，有兩百人由索尼集團調來，剩下的則預定招募新員工。當地開始了人才的爭奪戰，技術人員的薪資水準也提高了。

這個工廠會製造28nm以及22nm的邏輯半導體。這種半導體是日本最需要多量生產的大眾化產品。將來，隨著需求轉移到更微細的世代，預定會製造16nm與12nm的FinFET。日本在28nm以下就沒能持續投資半導體。所以欣喜地認為這是「神之數據來啦！」

而且TSMC也在茨城縣筑波市開設了3DIC研究開發中心。將晶片安裝在三次元中，縮短了數據的移動距離。為此，就需要日本的材料力量。我們要發掘新素材，與3DIC研究開發中心合作，找出活用日本素材的方法。

數位社會的基礎建設

說起基礎建設，有著公路、港口、鐵路、機場等交通基礎建設，以及上下水道的都市基礎建設，還有發電・送電的能源基礎建設。這些都是二十世紀的基礎建設。二十一世紀的基礎建設則是半導體、利用半導體的高級電腦，以及通信網吧。

日本在戰後復興時，成功的成為了資本密集型的工業社會・以工業立國。不過之後大家注意到大量生產・大量消費的成長限制，所以今後應該要做為目標發展的社會應該是超越工業社會以及資訊社會，以人為主的社會。這是知識密集型且活用數據、大家共同集思廣益的社會。也就是說，是從工業社會轉換成知識密集型的知價社會。

若是社會從資本密集型典範轉移成是知識密集型，產業結構也會改變。資本密集型的社會是東西會產生出價值。材料就是資源，組合這些材料以製作零件，再集合零件做成產品。半導體晶片是零件，附屬在產品上的服務以及設計等的知識及資訊能滿足使用者、產生出價值。

但是一旦變成了知識密集型社會，製造價值的主客立場就會翻轉。價值會從東西轉移到知識及資訊上。資源上則是數據會取代材料。透過 IoT 收集數據，並利用 AI 分析，然後製作成服務解決方案送到使用者手上。運送這些的半導體，會因為終端電池是否有持久性以及處理速度快慢，而產生出讓使用者滿意的價值。因此，運送數據的 IoT、5G 以及 AI 就取代了運送材料的公路、港口、鐵路、機場，成了數位社會的基礎建設。

半導體在處於零件事業時期，成本是最優先考量的。若是相同規格的零件，最好是能便宜一點。可是隨著精細化變得越來越困難，也開始在表現上競爭。**最近經常會**

用到的指標就是 PPAC（Power, Performance, Area, Cost）。換言之也就是性價比。

支援數位社會的半導體則是會追求時間性能吧。基礎建設市場替換的需求小，先投入市場的產品會被長時間使用。**加上了上市時間的 PPAC 就成了指標。**

日本二十世紀的基礎建設很優秀。到處都鋪設有道路，大眾運輸交通工具的運行也很準時。二十一世紀的優秀基礎建設將是透過在國內隨處都能連接上高速無線網路，以能夠利用高級運算的資源。

一九二九年，為了度過發生的經濟大蕭條，美國以羅斯福新政進行了多用途水庫建設等公共事業，整備了基礎建設。半導體是支援數位社會基礎建設的基礎技術。現今在我們的社會中不也正需要所謂的數位羅斯福新政嗎？

廣井勇的教導

話題再回到一百年前。

當時，廣井勇在東京帝國大學教授土木工程，關於「工學是為了什麼而存在的呢？」他的說法如下：

「如果工學只是為了讓人生變複雜，那就沒什麼意義。因此，若不能把所需的幾天時間縮短到幾個小時、把一天的勞務統整為一小時，並在由此所獲得的時間中安靜地思考、反省人生，讓自己有餘裕回到神的身邊*，我們的工學就找不出任何意義。」（引自高橋裕《現代日本土木史》彰國社）

八田與一一定也受到了廣井勇的薰陶。

如今，我們不得不再次懷念起八田的精神以及廣井的教導。

在熊本與築波展開了跨越日本與臺灣的民族、國境歷史性事業。我懷著莫大的期待，因恐懼而全身發抖，同時也打從身體深處湧現出勇氣。

*廣井勇是基督徒，故而如此說。

【專欄】Rapidus 的戰略

從 TSMC 的陣容看來，什麼都備齊了。

邏輯是起始於最尖端的 3 nm（奈米）製程，到現有製程的 5 nm、7 nm、10 nm、16 nm、20 nm、22 nm、28 nm、40 nm、65 nm、90 nm、0.13 µm（微米）、0.18 µm、0.25 µm、0.35 µm、0.5 µm，實際上橫跨了十六個世代，提供了自一九八〇年代以來所有的製程技術。

種類也很豐富。除了邏輯，還有類比、高頻無線、混載非揮發性記憶體、影像感測器、高耐壓元件、MEMS（微機電系統）。針對各需求提供多代的製程技術。

他們自豪於共有八十種的陣容。

而且 TSMC 的生產量也很龐大。晶圓的製造能力是一年一千兩百萬枚（換算為 300 mm）。占了全球晶圓代工生產量的60％。加上記憶體等全種類的半導體，實際上，有約13％是在 TSMC 生產的。全球對 TSMC 的需求都很強烈，TSMC 也發布了計畫，要在今後數年間，大幅增強生產能力。在本文中也提到，他們在熊本縣建設了新工廠，目標是每年生產五十四萬枚的晶圓。

另一方面，新公司 Rapidus 的戰略則是與之相對的。

在短時間內，只少量生產最尖端的產品。從提供 2nm 製程開始，一直都只採用最尖端的三世代製程技術。

針對這個戰略，有不同意見提出。

「為什麼一下子就是 2nm 呢？」「太不明智了。因為都已經休眠二十年了，應該要跟上腳步吧。」

而且還不斷有人提出質疑：「最尖端的能賺錢嗎？」「有使用者嗎？」

我認為，Rapidus 的戰略是正確的。

首先，最尖端是賺錢的。

其實，TSMC 賺錢的領頭羊就是最尖端的技術。結合 5nm、7nm、10nm 一起賣的銷售額占了全部銷售額的半數以上。

如同 Rapidus 的小池淳義社長自己所說的開場白「雖偏離了至今為止的常識」後，所展示的這個數據，乍看之下是很沒常識的。

此前，半導體都面臨了非常激烈的價格競爭。若是將最尖端的高價製造裝置費用全轉嫁到價格上，就會輸給一起競爭的對手。因此，要能與競爭對手比耐力，無論是最先端技術還是低價格戰，都要等引進新工廠的裝置群折舊後，才終於能產生出利潤。

半導體製造商一般要花上三年到五年才會折舊。因此以前的理解是，最尖端技術無法產出利潤，但晚個一至兩代，就會產生出利潤了。

不過，競爭條件改變了。最尖端市場的選手一年比一年少了。

例如在現今這個時間點，只有TSMC能量產3nm。若是5nm，三星電子以及英特爾也能量產。若是7nm，製造商的數量就會增加到七家，若是22nm，就是九家。也就是說，最尖端技術其實是獨占市場。

而市場一直都會需要最尖端技術。

這點在記憶體上我們已有過多次經驗了。「誰能用得了那麼大容量的記憶體？」雖然總是會出現相同的質疑，但一定會有相信次世代記憶體有用並制訂計畫的人出現。

在對轉型數據驅動型社會的期望升高之際，對資料中心用的服務器需求也提高了。而我們也能預期DRAM大競爭時代將會到來。市場預測，DRAM的生產量在二〇二五年時，會快速增加為二〇二〇年的二．五倍，達至一千七百億晶片（換算為2Gigabit）。

記憶體與數位是范紐曼型架構生下的雙胞胎。若記憶體的市場拓展了，數位的市場也會拓展開來。

總之，最尖端的需求正在擴大。

只要想到，若是像以前那樣等個兩年，或許將無法獲得性能高30%的次世代晶片，需求就會加速。

就像這樣，在需求擴大、供給不足的條件下，是否就可以隨意標價了呢？TSMC的銷售額中，最尖端半導體占了過半數就暗示了這點。

如果沒有與競爭對手相互競爭而能充分地轉嫁價格，就能得到先行者優勢。

其次是從技術的觀點來考量。例如我們會聽到如下的批判：「不要一口氣就挑戰2nm，而是從5nm開始，以3nm來磨練本事，然後再挑戰2nm，順序不應該是這樣的嗎？」

這時候可以考量到兩個風險。首先在5nm市場中，TSMC、三星以及英特爾已經做好準備等結束折舊了。他們若想要阻止Rapidus的加入是很容易的。

而且即便用5nm與3nm來磨練FinFET的技術，從2nm到GAA也要大改造。不知道要活用多少累積的技術。

若是這樣，新的競賽就開始了。不是從2nm回歸戰場與龐大的晶圓代工競爭，而是接受他們沒能撿到的少量生產，這不也是市場能接受的戰略嗎？

創新是從少量生產開始的。對創新來說，最重要的是早期投入市場。因此

rapid（敏捷）會產生出價值。這就是Rapidus的戰略。

不要去與龐大的晶圓代工競爭而是相互合作。不要像他們一樣什麼都準備齊全，而是只涉獵高級品。此外，也不要大量生產，而是進行短時間生產。最終就會從中誕生出能大量生產的商品。就像這樣，以互補的方式為社會做出貢獻，與龐大的晶圓代工共生。而最重要的一點是，有使用者在期待這種情況。

若以馬拉松來比喻半導體的精細化競爭，比賽到最後階段，跑在最前頭的一群人中逐漸出現淘汰者時，跑在最前面的跑者就會進行衝刺。現在已經不是要減輕空氣阻力、掌握競爭對手動向等在群體中做狹隘競爭的時候了。如果這個時候神能賜與自己力量，我們應該只會看著前面跑者的背影全力奔跑吧。目標就是反敗為勝。

我想起了約翰·梅納德·凱因斯的名言：

「這世上最困難的，不是接受新觀念，而是擺脫舊觀念」（《就業、利息與貨幣的一般理論》參考各種翻譯後由黑田譯出）。

III

構造改革 More Moore

1 大腦、電腦與積體電路的簡短歷史——以及整合的未來

大腦、電腦與積體電路的誕生

一三八億年前，突然出現了巨大的能源塊。那就是大爆炸。能源與物質相互作用（$E=mc^2$），宇宙快速擴大。最初的輕微搖晃形成了銀河系，在四十六億年前，地球誕生了。

四十億年前，物質遵循著物理定律而變化時，出現了將自己的構造做為資訊保存於DNA中並自我複製的生命。

生命把突變以及適者生存當成戰術使用，在不確定的環境中生存下來，從單細胞進化成多細胞、植物、動物，變得多樣化起來。

動物最終獲得了大腦，大腦是中樞神經系統，可以從外界獲取資訊並決定行動。而哺乳類在七百萬年前分化成人類並進化了大腦。

人類為了生存，必須要相互合作。大腦打造了社會，生出了心靈。人們知曉了自

己的意圖，獲得能傳達出那些意圖的語言以及邏輯思考能力。

數學是誕生在三千年前。

數學擴張了人類的認知能力。四大文明時期利用了計算器以及畢氏定理來計算稅金以及測量土地。最終，到了西元前五世紀的古代希臘時代時，比起計算，人們開始研究起數學的內部世界，數學從工具進化成了思考。

在七世紀的阿拉伯，代數很發達；十五世紀的文藝復興時期發明了符號代數，數學不再受制於物理而獲得了一般的地位。到了十七世紀，人們思考得出微積分，得以探索無限的世界。縝密思考過極限以及連續性概念後，最後誕生出超越主觀直覺的抽象性記號體系。

進入二十世紀，甚至進行了「計算關於正在運算數學的自己的思考」這種嘗試。完全擺脫了像是物理直覺以及主觀感覺這類模糊的東西，**從大腦中溢出的數學終於產生出了電腦這個「計算用機器」**。

圖 3-1　因著晶片的微縮，電腦縮小了，兩者攜手發展

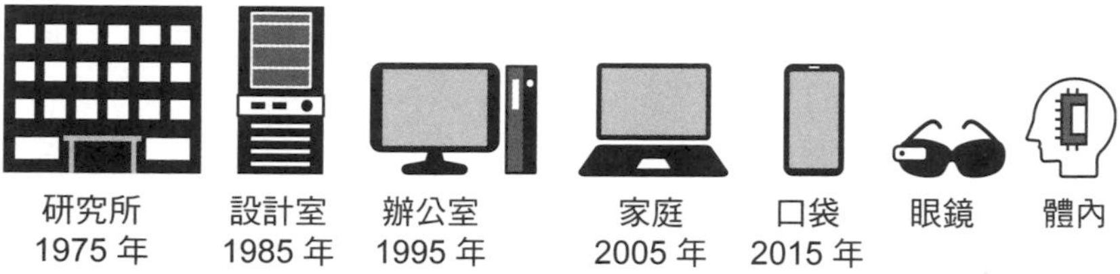

（出處）筆者製作

　　當初的電腦是通過切換在第Ⅱ章中也提過的運算器間的接線來進行程式的「佈線邏輯方式」。

　　就像在第Ⅱ章敘述過的，這個方式有兩個缺點。能處理程式的最大規模會受限於預先準備好的硬體，意即「規模制約問題」，以及一旦系統規模變大，接續數就會變龐大的「大規模系統接續問題」。而解決這問題的，就是范紐曼以及傑克・基爾比（Jack Kilby）。

　　透過將單純化・極小化的演算資源集成化・並列化到晶片中，就能飛躍性地提升電腦的性能。高性能的電腦將有可能設計更大規模的積體電路。受到摩爾定律的引導，電腦與積體電路是一同發展的（圖3-1）。

積體電路的成長與界限

積體電路的性價比，能因為精細化而大幅改善。「摩爾定律」這個經驗法則是積體電路的指導原理，也是成長之道。

成本雖是由微影決定，但微影技術只要逼近微細化的極限，就會組合多張光罩等，將工程複雜化，達至微細化。結果，成本若是上升，電晶體的單價就會提高。其實從16nm世代（二〇一五年）起，電晶體的單價就趨於上升了。

可是從7nm世代（二〇一九年）起，因引進了EUV（極紫外光）微影，電晶體的單價又再度下跌了。因為工序再度變得單純，製造成本也就下降了。

因此，最近的問題不是成本，而是性能的改善極限。若是電力，也就是發熱達至上限，不論如何集成電路都無法引出更高的性能，所以是最緊要的課題。

相關的電力處理性能，亦即電效率掌握住了摩爾定律的命運。**「不改善電效率就無法改善性能」**。

電力會因微縮（微細化）的副作用而增加。其實，只要微縮元件以讓因電場效應而動作的電晶體電場趨於恒定，電力應該就不會增大。

可是實際上，從一九八〇年代到九〇年代中，為了讓電路高速動作，所以並沒有降低電源電壓而是微縮了元件。結果電力每三年就增加四倍，十五年內增加了三位數。

因為電力變得過大，雖自一九九五年以後降低了電源電壓，但元件內部的電場已經變得過高，降下的電壓不夠，之後電力仍持續會在六年內增加兩倍。電力增大的原因是出在微縮的副作用，所以要想出解決方法並不容易。必須要回歸原點去思考。

減低電力的方法有三種。低電壓化（V）、低容量化（C），以及降低轉換（fa）（20）。

只要降低電壓，就能有效地減少電力，但也有其極限。會形成阻礙的是 leak（漏電）。

若沒有將閘極介電層變薄而直接將電晶體微細化，控制電晶體開關的閘極作用就會劣化，電晶體就無法完全關閉。

最後即便更加降低電源電壓，只要電路變慢，漏電就會變大而占據主導地位，電量反而會增大。今日所使用的處理器電效率在電源電壓約為0・45伏特時會是最大的。

為了減少漏電，所以改變了材料、製程、構造。例如透過將匣極包覆住立體結構的電晶體上來改善匣極的控制力。7nm世代的FinFET就成功地削減了超出預期的漏電。

從通用到專用，從2D到3D

在室溫下，互補式MOS邏輯閘（CMOS gate）多級連接的理論界限是0・036伏特。低電壓化的方案也只剩下一位數，用電力換算則只剩下兩位數左右。

改善電效率的另一個方案是低容量化。與通用的CPU以及GPU相較，**ASIC（特定應用積體電路）以及SoC（將一個統合好的系統組裝進晶片中，即單晶片系統）等的專用晶片，能夠削減無謂的電路，實現低容量化，可以將電效率提高到十倍以上。**

此外，移動數據比計算所消耗的電力更大。尤其是在將數據存取出晶片外時，會消耗掉三位數左右的電力。范紐曼型架構所需求的DRAM存取已成了電力上的瓶頸。

在連接晶片數據上重要的是，連接邊界是面不是邊。晶片中以縮放率的平方為高集成。另一方面，為了接續外部機器的輸入輸出裝置主要都配置在晶片周邊，集成度與縮放率成正比。這個結果就是數據通信無法滿足內部的性能要求。

要解決這個問題，層疊安裝晶片並以整個面來連接是很有效的。**透過將集成的程度從2D（平面）進化到3D（立體），就能極大地提高電效率。**

隨著摩爾定律的減速，對不是延長舊有技術的新技術（破壞性技術）來說，也增加了實用化的機會。

2 微縮方案——極大的驚異之處

理想的微縮方案

能發展積體電路的基本原理就是元件的微細化，也就是微縮。這能提高集積度、降低晶片製造成本，並且提升性能。

DRAM是以三年內增加四倍、處理器是以兩年增加兩倍來提高集積度。這樣的經驗法則就是廣為人知的「摩爾定律」。

晶片的製造成本，是將每一片晶圓的製造成本，除以從一片晶圓上取得的良品晶片數而得到的數值[21]。

透過進化微影以及製程技術來微縮元件。同時利用加大晶圓口徑以及改良製造技術來提高成品率，增加良品晶片的數量[22]。

回顧過去五十年可以看出，每兩年，元件就會被微細化20%，而晶片大小則會增大14%。最後，能集成的元件數量每兩年就會倍增（$1.14^2/0.8^2$）。

DRAM更是將元件製作成三次元構造，在電路上下功夫，三年內達成了四倍的高集積化。不過這樣的做法也差不多接近極限了，據說DRAM的微縮很快就會停止了。

其次讓我們來討論一下性能吧。**元件不論是尺寸還是電壓，若都微縮至1／α，**就能保持電晶體內部電場的穩定[23]。因為這個**「電場穩定的微縮」**的緣故，場效電晶體在微縮前後就會保持相同的動作。

元件的尺寸變成是1／α時，流經電晶體的電流與容量也會同樣變成是1／α。

電流與元件的尺寸會成比地變成 1／α，容量也是透過面積÷距離來求得，但因為面積是 1／$α^2$，容量就會變成 1／α(24)。

若電壓、電流、容量各自都變成了 1／α，電路的延遲時間也會變成是 1／α。因為電路的延遲時間可透過容量×電壓÷電流來求得(25)。

因此若要計算一單位面積電力的電力密度，就可以用電壓×電流÷面積這個方程式來計算，就算微縮成是 1／α 也不會有變化。**集積度提升感覺上會難以散熱，但電力密度維持一定，發熱量也幾乎是成正比，所以不會發生散熱的問題。是非常理想的方案。**

實際的微縮以及其副作用

可是情況並不理想。

微處理器的時脈頻率十年內約達成了五十倍的高速。其中有十三倍是微縮所導致的效果，剩下的四倍則來自結構的改善。

換算下來，動作速度在兩年內有一．六倍的高速化。而電場保持穩定的微縮方則是一・二倍，可以得知其是十分被高速化了。

其實到一九九五年前，就在沒有降低電源電壓的情況下微縮元件了。也就是說，不是「維持穩定電場」是「維持穩電壓」來微縮。

這時候，電流會增加到α倍，容量會小至$1/\alpha$，所以電路的延遲時間就會小至$1/\alpha^2$，電路會更高速地運作。可是電力密度會集增至α^3，發熱量也會呈正比增加[26]。之所以這樣做的原因就在於，處理性能愈高，晶片就愈暢銷。另一方面，晶片的電力在剛開始時非常小，所以增大電力還不是什麼大問題。

從一九八〇到九五年的十五年內，電力增加到了一千倍，結果每單位面積的發熱量，增加至料理用的便攜式電爐的三十倍。

若無法散熱，元件內部的溫度就會變高，且不太可靠。一旦碰上了電力的牆壁，電路就再無法集成了。

就像這樣，**形成電力牆壁的原因就是因為積極微縮的副作用**。

自一九九五年以後，電源電壓就漸漸下降了。

這雖是理所當然的，但不使用電路時就隨時要切斷電源，不需要高性能的時候也要降低電源電壓等，要累積細微努力來節約電力。

這些事在日常生活中也能進行，所以聽起來是很理所當然的節約，但若是換成了集積一億個以上電晶體的大規模積體電路，就很難發現有浪費之處。

電源電壓理論的下限值在室溫時是0．036伏特。若更低，CMOS電路的獲利就會少於一，無法多極連接數據電路。

可是實際上還有關掉的電晶體的漏電、元件的偏差、雜音等，要降低到0．45伏特以下是非常困難的。

28nm以後即便可以集積，但同時卻無法使用的電晶體，也就是所謂的「暗矽（dark silicon）」（無法接通電源而維持黑暗狀態的電晶體）急速增加了。即便集積了機能，卻難以引出性能。

因此現在只有能改善電效率的人，才可以說是能進入可以改善效能的階段。完全就是「**不改善電效率就無法改善性能**」。

除了降低電源電壓，要改善電效率的方法就是削減容量C。為此，**層疊晶片並進行3D集成的技術就掌握著今後積體電路的命運。也就是說，要將集成的程度從2D擴張到3D。因為晶片的厚度與晶片的寬度相比小了三位數，若將晶片做3D層疊，晶片間的接續距離就會大幅縮短，從而削減容量。**

我們無法直觀指數的驚人之處

有老人會照顧池裡的鯉魚，為了把充足的氧氣打入水中，有時他們會摘取掉蓮葉以守護水池。蓮葉不是一下子就會增加很多，所以想著應該沒問題而離開一星期後，沒想到水池竟完全被蓮葉覆蓋住了。

這樣的情況經常會用來表現指數的特徵（至於新冠肺炎感染者人數的增加也是一樣的）。

我們的直觀是將變化的事物以近似直線式的方式來進行捕捉。這是在遠古時代，處於叢林中為保護自己遠離猛獸（等速運動）而獲得、刻在DNA中的感覺。即便到了現代社會，大多時候也會進行直線性的推定來預測未來。

圖 3-2　即便科技呈指數增長，但人還是維持直線性的直觀，所以變革會比預計還要早來到

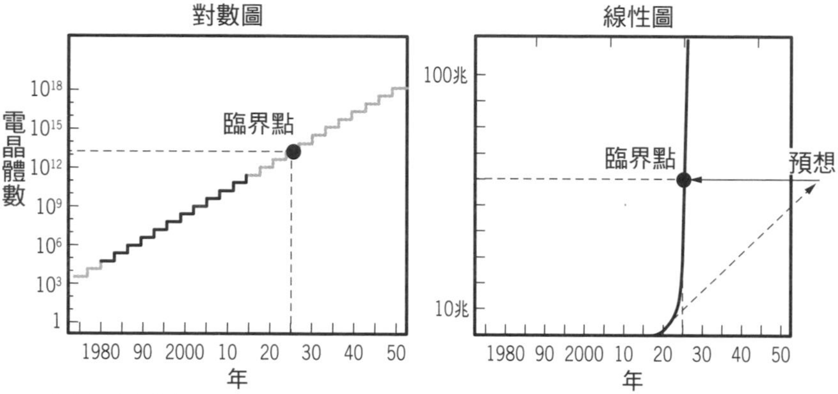

（出處）筆者製作

可是，晶片所創造的世界是以指數來增長的。AI也是其中之一。AI突然現世，之後就像飛上天空般急速成長的原因就出在此。

晶片所產生出的數據也是快速地呈指數增長。網路的通訊量以年率四倍的速度急速增加（吉爾德定律，Gilder's Law）。

在二十一世紀後半，或許得以匹敵全人類大腦神經元總數的電晶體能集成在一個晶片上。而且從地上出現可以無線連接全世界晶片的巨大頭腦也不是夢話。

自積體電路發明以來不過一百年，在這期間，世界就出現了戲劇性的變化（圖3-2）。

3 晶片的構造改革——減少漏電

電晶體的構造改革

電晶體中有三個端子。源極（source）是電荷的供給口，汲極（drain）是電荷的排水口，閘極（gate）是調整電荷流動的水閘。透過改變閘極的電位，就能讓從源極到汲極的電荷流動或停止，也就是可以進行開關。

製作電晶體的方法是，將電晶體基板的表面氧化而形成薄的氧化膜，然後在其上放置金屬的閘極。接著，從上面注入與添加到半導體基板雜質極性相反的雜質。最後，將雜質打入閘極兩側半導體基板的表面，就形成了源極以及汲極[27]。

因為閘極的的斷面構造是金屬—氧化物—半導體（Metal-Oxide-Semiconductor），所以被稱金屬氧化物半導體場效電晶體。在有著較多正電荷電洞（空穴）的P型半導體中，形成源極以及汲極的 MOS 稱為 PMOS；使用較多負電荷電子的N型半導體則稱為 NMOS。

以下來說明 NMOS 的運作吧。電子會積存在源極中。閘極與源極屬於相同電位時，處在源極與汲極間的Ｐ型半導體基板會在與源極間打造電子屏障，所以汲極與源極間不論如何降低電壓，電子都不會流到汲極去。

但是，若給予閘極比源極更高的電位，閘極正下方的Ｐ型半導體基板表面就會反轉成為Ｎ型，形成電子通道的路徑，電子就會從源極流向汲極。電流的流向與電子的流向是相反的，所以電流會從汲極流向源極。

PMOS 的運作與此恰恰相反。電洞會累積在源極中。若給於閘極夠低於源極的電位，電洞就會從源極流向汲極，電流也會往相同方向流。

在此，將 PMOS 以及 NMOS 的源極分別接上電源以及地面，連接兩者的閘極作為輸入，並連接汲極作為輸出，就能夠成 CMOS 反相器。

若 CMOS 反相器的輸入進入低電位（Ｌ），NMOS 會關閉，PMOS 會打開，電流會從電源流出，輸出高電位（Ｈ）。同樣地，若Ｈ進入了輸出，電流就會從輸出流入到地面，Ｌ則會流出到輸出。

PMOS 與 NMOS 若沒有同時開啟，電流不會一直從電源流向地面。唯有要將輸出轉變成是H或L時才會使用電流，所以是低電力。PMOS與NMOS就像這樣會進行互補（Complementary）的運作，所以被稱為CMOS。

但是，若縮小了電晶體，汲極與源極間就會發生漏電。要想知道其中原因，就必須稍微仔細地來看一下形成通路的構造。

以下來回到針對NMOS的運作說明吧。為什麼只要給予閘極夠高於源極的電位，P型半導體基板的表面就會反轉成N型並形成通路呢？

希望大家能想到將兩片金屬電極相對的電容器（capacitor，又稱為condenser）。首先給予一枚金屬板A正電荷，並讓電荷均勻分布。

其次，再將沒有帶電的另一枚金屬板B平行靠近，結果金屬板B就會因為靜電感應被金屬板A的正電荷所吸引，內側就會產生負電荷，與之等量的正電荷則會在金屬板B的外側極化。結果，金屬板A的正電荷就也會集中在內側。

接下來，若是將金屬板B與地面接觸，金屬板B外側極化的正電荷就會逃到地面上去。但是，金屬板B內側的負電荷會受到金屬板A正電荷的吸引而無法移動。最後電容器的內部電場就會積滿了電荷。

在此，將金屬板B置換為P型半導體基板的就是NMOS。

若給予金屬板A的閘極夠高於源極的電位，閘極就會被賦予正電荷，而與閘極相對的P型半導體基板表面則會充滿了負電荷。這個負電荷也就是所謂的電子只要夠多，半導體基板的表面就會「反轉成N型」，並且形成電子通道的路徑。

就像這樣，來自閘極的電場效果就控制著通路。

但是，除了閘極之外，還潛藏有會影響通路的電容器。那就是汲極。

其實在汲極與半導體基板的介面上，汲極的電子會擴散到P型半導體基板上，而P型半導體基板的電洞則會擴散到汲極上。有點像是拿掉了容器中預先放置用以分開砂糖與鹽巴的板子，結果兩者混和在了一起。不同的是，電子與電洞之間有靜電的作用，只會混雜一點點，不會再擴散更多。

結果，在汲極與半導體基板的介面上，就形成了空乏層，沒有能自由移動的電荷。這就形成了絕緣膜，打造出了電容器來。

若縮小電晶體，源極與汲極的距離就會縮短，汲極的空乏層則會接近源極。也就是說，從源極來看，汲極也是小的閘極。

因此，即便關閉閘極，只要給予汲極正的電位，封閉源極電子的障壁就會稍微下降而漏電。

即便只有一點點的漏電，若是將電晶體集成為一百億個時，漏電就會變得很大。

漏電的原因出在閘極的控制力變糟了。那麼，該怎麼做才能改善閘極的控制力呢？

首先採取的方法是改變材料。

將閘極的氧化膜改變成電容率較高的材料。這也是一個有效的方法，但是隨著微細化的進展，這樣的效率最終也變得比較低了。

其次是只能改變構造（28）。

因此將閘極一分為二，將構造改變成是從兩側來夾住通道。在通道下方製作新追加的通道會提高製造成本，所以就將通道立在半導體基板的表面，在兩側製作閘極。

這就是FinFET（圖3-3中央）。這個場效電晶體（Field-Effect Transistor; FET）的得名是源於其形狀很像魚鰭（Fin）。自16nm世代起就採用了這樣的電晶體。

到了2nm世代，就需要能更為提高閘極控制力的構造。因此研究開發出了閘極圍

圖 3-3 電晶體的構造改革

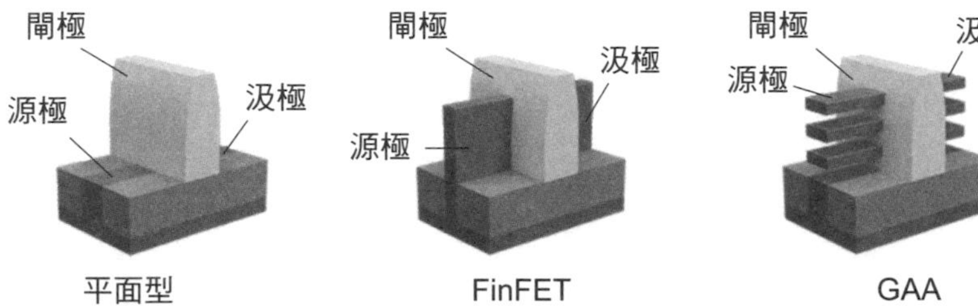

（出處）Lam Research

繞著通道的構造。這就是GAA（Gate All Around）（圖3-3右）。給予被閘極包圍住的薄通道以足夠大的電流時，電流一定要是能流動的。因此就進行了材料物性的研究。

為了讓大家能有個具體的想像，我們果斷地使用以下的比喻吧。我想停下軟管的水。以前都是用食指壓住軟管上方來停止（平面型）。但那樣做會有水漏出來，所以接下來，我使用了拇指與食指，從兩側夾住軟管（FinFET）。最後則是用五根手指抓住了軟管（GAA）。

配線的構造改革

一旦增加了電路的集積度，晶片的消耗電力就會增加，發熱量也會增加。為了不讓溫度上升的晶片故障，就要決定好電力的容許範圍。

要能不增加電力地提高集積度，降低電源電壓是很有效的。只要把電源電壓降到一半，就能減低 CMOS 電路消耗的電力到四分之一，所以就能提高集積度到四倍。一九八〇年代的電源電壓是 5 伏特，而現在則是 0．5 伏特。就理論上來說，處在室溫下時，能將電源電壓降低到 0．036 伏特。

但是，在這之前有個很大的問題，那就是電源的配線。

電力是由電壓以及電流的乘積來決定。若要提升集積度又不增加電力而降低電壓，電流就會增加。例如電力是50瓦特時，若電壓是5伏特，電流就會是10安倍，但若將電壓降低0．5瓦特，電流就變大到100安倍。

微波爐以及電熱鍋是10安倍。那麼我們要如何將那十倍大的電流供給給 1 cm 四方形的小晶片呢？

為此，就要將電源配線做得又大又厚不可。結果晶片的電源配置就與微細化背道而馳，變得又厚又多層。在一九八〇年代，半導體基板上所形成的配線層就有二～三層，而最近則是超過了十五層。

低層是用短距離配線、中層用遠距離配線，至於上層則使用電源配線。如同人體微血管到大動脈那樣，有各種配線覆蓋住整個晶片。

愈是將電晶體微細化，電源配線就愈是要又粗又厚不可。要解決這樣的兩難，就要著手進行構造改革，將電源配線埋在半導體基板中，並從晶片的內側供給電源。

界限說的趨勢

微細化差不多要到極限了。很久之前就有這樣的說法。其實自一九八〇年代起就不斷重複出現這樣的說法。可是，實際上，我們已經克服了那樣的說法，至今仍持續在進行微細化。

也有人把這件事揶揄為界限說的趨勢。也就是說是在諷刺「十年後就是極限」的主張已經頻繁持續了超過四十年。可是從別的觀點來看，如果就這樣發展下去，我們很清楚十年後會出現什麼樣的極限，所以可以說是已經跨越了那樣的界限。

實際上，將閘極氧化膜置換成是容電率高的材料就曾被人認為是不可能的挑戰。能夠製造出超過一千萬個電晶體的高成品率，正是因為將矽基板的表面氧化，製造出了優質的閘極氧化膜。不過，儘管認為不可能實現的批評占了大多數，高介電係數閘極的絕緣膜仍舊被實用化了。

此外，持續了近半個世紀的電晶體平面型構造，也大膽地改革成了FinFET以及GAA的構造。在GAA的PMOS以及NMOS的上下重疊的CFET研究也開始了。以後，每十年都得要改寫一次教科書了。

英特爾CEO派屈克．格爾辛格於二〇一一年敲響了如下的警鐘。

「現在的CPU如果以表面的1cm^2來進行換算，功率密度會超過100瓦，這個數字很接近原子爐。在奔騰（Pentium，CPU名）時代是電熱爐的水準，但若照這樣下去，十年後的密度就會變得與太陽表面相同。」

當然，我們避開了危機。

我還在東芝研究所的時候，前輩曾告訴我一件事：

「不可以說不可能。雖然現在覺得不可能，但將來或許就有可能。所以應該要說成是『非常困難』。」

這些話我一直都銘記在心。

4 AI晶片──向大腦學習

誕生自數學的電腦

很久很久以前，人們是扳著手指算數，數著步數來進行測量。可是人們無法認知到龐大的數目。因此在四大文明時期出現了計算器，擴張了人的認知能力。

誠如前述，自古希臘時代以來，數學的內部世界就成了研究對象，數學從工具進化成了思考。十五世紀的文藝復興時期發明了符號代數，讓人們得以研究無法在現實世界中表現出來的n次元空間。如此一來，數學於是不再受到物理性的制約，而獲得了普遍性的視角。

最後來到十七世紀，人們思考出了微積分，得以研究無限的世界。謹慎省察界限以及連續性概念的結果，就是產出了超越主觀式直覺的抽象性記號體系。而進入到二十世紀後，甚至還出現了「計算算數學時自己的思考」這樣的嘗試。

就像這樣，**數學離開身體棲息在大腦中，完全脫離了屬於物理性直觀以及主觀性感受的模糊事物，終於從大腦中滿溢了出來。那就是電腦。**

最初的電子式電腦真空管經常會故障。真空管會加熱電極，將電子放出到氣體中，並控制電子流動的元件。和家庭中的白熾燈一樣，隨著時間的推移，電極會變細，最終斷線。

因此在一九四八年時發明了用固體而非氣體來控制電子的電晶體。元件的可靠度一口氣提升了。

此外，做為第Ⅱ章的複習，電腦的機能是由電路的佈線來決定，而「佈線邏輯」中有兩個問題。能夠處理的程式最大規模是受到硬體規模制約的「規模制約問題」，以及系統若變成了大規模，接續數就會變大，成為「大規模系統的連接問題」。

因此，范紐曼發明了「**程序儲存器**」（Program Storage，范紐曼型架構），其是讓一個運算器來執行每個迴圈不同的命令，而非以物理性連結的方式使用多個運算器，從而解決了規模制約的問題。

另一方面，傑克．基爾比在一九五八年發明了**體積電路（IC）**。透過使用微影，將素子以及佈線集積在一枚晶片上，解決了「大規模系統的連接問題」。最終，人們發現了矽是ＩＣ的最佳材料(29)。

像這樣藉由將單純化、極小化的運算資源集積化・並列化在矽晶片上，電腦的效能有了飛躍性地提高，變成高性能的電腦就能設計更為大規模的積體電路。

就像這樣，**范紐曼型架構、積體電路、矽相遇了，電腦與晶片攜手達成了指數級進化。**

只要工作就會消耗能量。電子電路的工作量，也就是性能，會受到供電以及散熱的制約。提高能量又或者說是提高能量流速的電效率能提高晶片性能。

晶片的電效率在過去二十年間有改善了三位數，提升到了大腦百分之一的程度。此外，晶片的集積度也到了大腦神經細胞數的百分之一左右。若按照這樣的勢頭，十年後應該就能追上大腦。

可是，在范紐曼型架構中，大量的數據與指令是在處理器與記憶體之間來回，就像細長的頸部一樣成為瓶頸（范紐曼瓶頸）。此外，矽晶片在進入本世紀後，元件的尺寸變得小於100nm，所以出現了量子效應而無法抑制漏電。我們似乎看到了於半世紀前誕生的電腦與晶片成長的極限。

但是在迎來極限之前，**電腦自己就具備了學習能力。那就是機器學習。於是誕生出了模擬大腦神經網路的ＡＩ晶片。**

向大腦學習的ＡＩ晶片

二十世紀時，人們就已經開發出了設計神經網路（Neural Network; NN）所必需的技術，但是能表現的空間過大，很難讓人學習四層以上的深層神經網路。

可是進入二十一世紀後，由於自動編碼器的深度化成功，將學習上必需的電腦性能提到足夠高的地步，深度學習比起向來的資訊處理，更能發揮壓倒性的高效處理，所以快速地被實用化[30]。

網路的構成以及系統結構的研究也有所進展。在圖像識別中，只結合附近信號的卷積神經網絡（Convolutional Neural Network: CNN）取得了成功。另外在進行像是聲音、自然語言處理等時間序列資料的識別處理中則是研究了循環神經網路（Recurrent Neural Network; RNN）以及長短期記憶（Long Short-Term Memory; LSTM）。最近，導入了做為最重要部分而受人關注的機制——注意力機制（attention），使用自注意力機制而不使用 RNN 遞迴結構的 Transformer 模型架構則備受矚目。

不論何者，都是以我們的大腦做為提示來進行研究。其中被認為最重要的就是**神經網路的剪枝（pruning）**。

我們大腦的突觸在出生時只有五十兆個左右，但出生後十二個月內就會增加到一千兆個。可是在那之後，突觸會因為學習而減少。有訊號通過而被強化的突觸會被留下來，但沒有訊號的不必要突觸則會被修剪而消失。在十歲左右，突觸會減少一半，之後則較少變化。

也就是說，**一直到幼兒期左右，雖會形成接近完全結合的神經網路，但隨著學習，就會除去不必要的佈線，只留下需要的佈線。這樣一來，就形成了沒有無謂效能的腦回路。**

孩子的大腦是為了進行學習而變大，至於大人的大腦則會為了進行高效率的推論而進行修剪。生得小，養長大，在社會上學習的戰略，應該就是大腦發達的哺乳類生存戰吧。

圖 3-4 矽腦

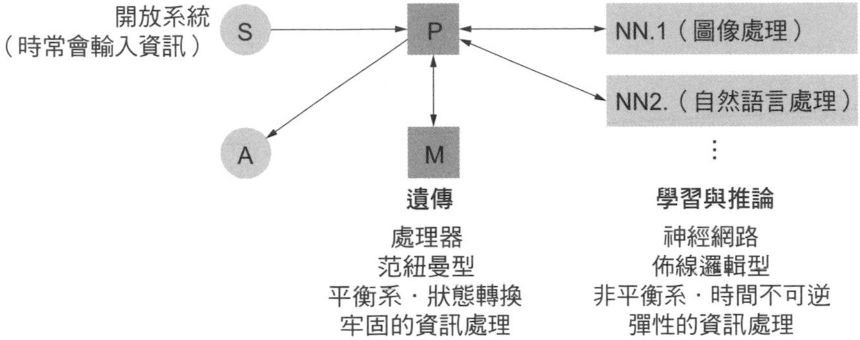

處理器是擔任視丘・杏仁核・小腦的角色，神經網路則擔任大腦皮質的角色
（S：感測器、A：執行器、P：處理器、M：記憶體、NN：神經網路）

（出處）筆者製作

大腦與矽腦

來談一下關於大腦與矽腦的話題吧。**從數學誕生出來的范紐曼架構電腦會根據預先被編碼的狀態轉換來進行牢固的資訊處理。這正好與具備遺傳功能的視丘、杏仁核、小腦相似。**

另一方面，**向大腦學習的佈線邏輯型神經網路則是在開放系統中一邊持續學習，一邊進行剪枝，以有效使用能量的方式來進行時間不可逆的彈性資訊處理。這就有點像是在社會中學習的大腦皮質。**

像這樣的矽腦能參考人的大腦進行描摹。那麼矽腦的構造會變得跟人腦一樣嗎？（圖3-4）

「好大的動態範圍！」

一九八一年時，研究室的前輩合原一幸（現為東京大學特聘教授）曾如此大叫道。在利用計算機分析了記述神經軸突活動電位的發生與傳播的非線性微分方程式霍奇金-赫胥黎模型時，神經軸突的電阻值發生了很大的變化。

要做出擁有同樣特性的人工物並不容易。大腦與矽腦就像鳥與飛機那樣，或許原理與構造都是不一樣的。

神經網路屬於「佈線邏輯」，由佈線的連接決定功能。我對製造後可以將電路進行編碼的 FPGA 寄予了期待。

【專欄】LSTC的戰略

二〇二二年十二月二十一日設立了尖端半導體科技中心，簡稱LSTC（Leading-edge Semiconductor Technology Center）。

該中心的使命是建立開放的研發平台，制訂並研發相關技術戰略，以能夠在短TAT（Turn Around Time）下，量產2nm節點小的次世代半導體的設計、元件、製造、裝置，以及材料。所謂的短TAT，就是縮短開發、生產開始到結束所花費的時間。具體的開發課題是在短TAT下能夠設計電路以及進行驗證的工具與方法、凌駕一直以來半導體效能的革新半導體元件技術、能為開發短TAT以及2nm節點小的半導體做出貢獻的製造以及量測技術、有助於半導體高性能化的材料、能同時實現提升晶圓效能與短TAT的3D封裝技術，以及能夠開創出新產業的嶄新元件。

為了加快解決課題的步調，美國的國家半導體技術中心NSTC（National Semiconductor Technology Center）以及歐洲的imec一同積極合作中。

同時以永續性半導體產業的興盛做

為目標，培育半導體的人才。

LSTC的組合成員有負責與半導體相關科學技術研究教育的產業技術綜合研究所、理化學研究所、物質・材料研究機構、東北大學、筑波大學、東京大學、東京工業大學、大阪大學、高能加速器研究機構，以及負責量產的Rapidus。

在考慮LSTC時，有兩個技術研究組合的事例可以做為參考。

一個是超LSI技術研究組合。這個組合的活動時間為一九七六年到八〇年，是催生了八〇年代日本半導體產業興盛期的因素。

富士通、日立製作所、三菱電機、東京芝浦電氣（現東芝）、日本電器、日電東芝資訊系統、電腦綜合研究所七間公司大團結，研究開發各社共通的兩個技術問題，也就是針對超LSI的製造裝置開發以及大口徑且高品質的晶圓製造技術。

開發出來的步進式曝光機（stepper）攻占了全球市場，為半導體製造裝置的國產化比率做出了貢獻，從20%提升到70%[31]。

競爭公司的技術員們共同挑戰共通技術問題的方法成了全世界的範本。

第二個事例是尖端的系統技術研究組合，簡稱RaaS（Research Association for

Advanced Systems）。

二〇〇〇年以後，在日本半導體產業的衰退中，我們保全了技術與人才並制訂戰略，以期待將到來的復興期。

戰略的目標是改善能源轉換效率與改善開發效率。解讀時代潮流的這個戰略，就成了Rapidus以及LSTC的戰略。

RasS因著民間的活力，於二〇二〇年開始。凸版印刷、松下電器、日立製作所、MIRISE Technologies四間公司都有參加。這是在如退潮般從半導體事業中陸續退出的情況下，了解硬體力量的經營者們在極為勉強的狀況下所做出的判斷。

再加上外資EDA供應商和晶圓代工公司的日本辦公室都擔心日本的半導體產業會枯萎，所以與總公司交涉，全力支援RaaS。

因為集結了這些力量，所以能打造出當時最尖端7nm節點的設計環境。

此外，自二〇二三年四月起，愛德萬測試以及理化學研究所也加入了RaaS。以對科學做出貢獻的半導體為端緒，推進半導體的民主化。

另一方面，為了提高能源轉換效率，於二〇二一年開始NEDO（新能源產業技術綜合開發機構）的企畫，這企畫是在研究開發匯集了日本所擁有強大技術群的 3D 集積技術。SCREEN 集團、松下電器、大金工業、富士膠捲都有參加，並致力於開發控制瓶頸的技術。

LSTC 從這兩個技術研究組合中學到了不少事情。

首先在以日美為中心的國際合作中，各國人才團結一致，把重點放在人類共通的課題——改善能源轉換效率以及改善開發效率上，並推動研究開發。

其次，打造豐富多元的產業生態系統，促進聚集在那裡的人們共生與共同進化，如此才有可能持續發展靈活的產業。

接著，要以綜合最佳化為目標，而非部分最佳化，期望全體動員努力，從設計開始，到元件、製造、裝置材料的學術(32)。

最後，歸根結底，技術就是人。也就是說，培育人才對永續發展來說是不可或缺的。打造具吸引力的開放平台，吸引國際菁英很是重要。

太陽還會再升起。

在黎明前做好準備，演練磨練技術與人才的戰略就是 LSTC 的使命。

超 LSI 技術研究組合和 LSTC 都是在專用半導體時代的入口誕生的，這點雖是偶然，卻也很有趣。

IV

百花齊放 More than Moore

1 從2D到3D——積體電路的下個半世紀

大規模系統的接續問題

在積體電路（晶片）的發明背景中，有著大規模系統的接續問題。

在一九四六年開發出來的電子計算機 ENIAC 中，透過手工連接的有五百萬處。系統規模一旦變大，接續數就會呈現幾何級數的增加。

我們稱這個問題為「**數量的暴威**」，並從各角度來探討因應對策。其中，創生出的一個決定性解決辦法就是積體電路。

自那之後，晶片就因「摩爾定律」而形成指數增長，而配合其步調，電腦的性能也有飛躍式的提升。

可是因為有大量資料在記憶體與處理器間移動，晶片間的通訊就成了降低能源轉換效率的一大主因。也就是所謂的范紐曼瓶頸。

而且伴隨著資料的急增，陷入了「**不改善能源轉換效率就無法改善電腦效能**」的狀況，現在這情況也仍在持續中。

CMOS電路消耗的能量與負荷容量成正比。運算電路的負荷容量則能因元件的精細化而縮小。

可是，資料的移動必須沿著通訊路徑，對全部容量進行充放電，所以即便將元件精細化，只要沒有改變通訊距離，就無法減低消耗的能量。

因為比起運算，資料的移動遠遠消耗掉更大的能量。

例如比起演算64位元的數據資料，要將這分數據資料移動到晶片的末端，就要耗費五十倍的能量，而且要移動到晶片外的DRAM時，則必須花費兩百倍的能量。

在晶片間通訊會耗費大量能量的另一個原因在於強行提升了運送速度。這是因為通訊通道只能配置在晶片周邊，所以不能增加其數量。只有提高運送速度才能提高性能。

首先，要將晶片的運算效能一點一滴提升到年率70％。最後，電晶體會提高15％的速度，效能的集積度也會增加49％。

提高了晶片的性能後，若不提高出入晶片的信號速度，就無法產生出高效能。

有一個經驗法則叫「冷次定律」，若根據這個定律來類推因應邏輯規模的擴大必須要增加多少輸入輸出的端子數，將會要求以年率44％來提高晶片間的信號傳送。

可是，在元件的微縮中，只能以年率28％來提高晶片間的通迅速度。電晶體雖提升了15％的速度，但因為訊號只能從晶片的周邊出入，所以只能將功能的集積度增大11％。

即便假設將訊號通道配置在晶片的整個面上，若電路基板沒有夠多的多層構造，在晶片周邊的配線就會顯得很擁擠，所以要利用晶片的整個面是很困難的。

為了填補這樣的差距，就要利用能提高通訊頻道速度的電路技術。可是一般雖可以這樣說，若強行引出電晶體的效能到其極限，會需要龐大的能量。

在晶片間通訊所需的能量從130nm世代（二〇〇〇年時）起就開始增加了。而若要更為提高速度，應該差不多就會接近極限。

誠如就以上論述所能了解到的，提高電腦能量轉換效率的方法，就在於縮短記憶體與處理器的連接距離，同時以不勉強增加連接數的速度來傳輸訊號。

也就是說，應該要將晶片以重疊、短距離的方式來連接，使用到晶片的整個面，以剛剛好的速度來進行通訊。晶片之所以從2D（平面）進化到3D（立體）的原因就在這裡。

我們不能只仰賴晶片內的集積，在晶片從2D進化到3D的現在，需要更加劃時代的「接續問題的解套法」(33)。

矽穿孔與電感耦合通訊

因此自一九九〇年代起，人們開始層疊晶片並研究開發垂直佈線連接的矽穿孔（Through Silicon Via; TSV）。以前是從晶片的表面加工數微米以內，與之相對，現今則是加工數十微米，這並不是件容易的事。

而且銲料連接的精細化非常困難。此外，因為材料的熱膨脹係數不一樣，所產生出的不同應力也會生出可靠性問題。

TSV到現在都還是成本很高，可信度很低。即便是歷經了四分之一個世紀到今天，仍未尋到解決之道。

近年來，不使用銲料連接而是直接把銅電擊相互連接起來的晶圓接和技術有著顯著的進步。這項技術被稱為Cu-Cu直接接合。又或者因為是在接合面上有著銅電極與矽氧化膜，所以也被稱為混合鍵合（Hybrid Bonding）。

另一方面，以電路技術而非機械式來連結晶片間的技術也出現了。那就是**磁耦合通訊（ThruChip Interface; TCI）**。這種方式是用晶片佈線捲繞線圈，因應數位訊號改變流經線圈的電流方向，讓磁場的方向發生變化，並用其他晶片檢測在線圈中產生的訊號極性以返回數位訊號[34]。也就是說，透過線圈間的磁耦合來進行晶片間的通訊。

所有用於半導體晶片的材料磁導率都是1，所以磁場能順暢地貫通晶片。此外也不用擔心與利用場效應的CMOS電路會互有影響。

同時，**TSV是接觸式連接，與之相比，TCI是用標準CMOS電路來進行非接觸式連接，這點是其最大的特長。**

TCI沒有改變晶片的製造流程，而是藉由數位電路技術製成，所以任何人都能輕易做到。若是TSV，則DRAM的價格就會提高到一．五倍以上，但若是TCI，就能將之抑制到一．一倍以下。

而且**晶片做得愈薄，就愈能指數式地改善TCI的性價比。**

例如將晶片精細化到二分之一，同時又將晶片的厚度薄化為二分之一時，就能將

圖 4-1　透過在封裝內以 3D 實際安裝記憶體以及處理器，就能提高能量轉換效率

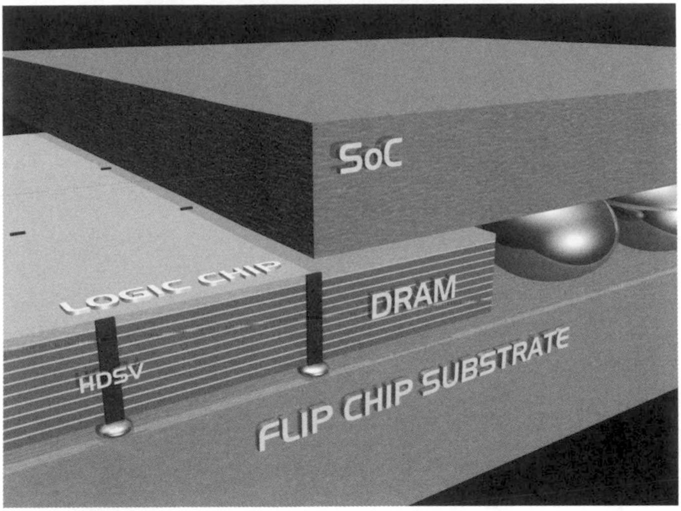

（出處）筆者製作

傳送TCI數據資料的速度提升到八倍，將能量消耗減低至八分之一。

不過，TCI無法連接電源。現狀是，要透過TSV來連接電源，透過TCI來連接訊號。或許有人會有疑問，這麼一來，TSV不是也能連接訊號嗎？但其實，TSV的不良是開放不良。因此，若要使用難以利用重複連接的訊號線，這點是有些困難的，但若是本來的大規模並行連接電源線，則使用起來毫無問題。

目前，正在進行研究開發於高濃度雜質區域下進行連接電源的新技術，以添加高濃度雜質矽電極

（Highly Doped Silicon Via; HDSV）以取代 TSV。

晶片透過像這樣從 2 D 進化到 3 D，晶片的功率密度提高了。可是為了提高能量轉換效率，晶片從 2 D 進化到 3 D 的結果就是，電效率也被要求要做進一步的改善（圖 4-1）。

活用不連續技術的時代

在研究與實用之間橫亙有一條死亡之谷。不連續技術（顛覆式技術）難以橫越這條死亡之谷。

連續性技術是必須要了解連續的兩者。

去到處理器公司介紹 TCI 時，他們的身體探向前聽了我說的話後，就會問我記憶體什麼時候可以搭載 TCI 呢？

因此，我去到記憶體公司向他們轉達了處理器公司對 TCI 有強烈興趣時，對方維持著深坐在椅子中的姿勢，一臉為難地表示，若大宗的客戶都不說要使用，就很難引進有著大幅變革的新技術。

這樣就會無法走出 Chicken and Egg problem（是先有蛋還是先有雞）的迷宮。

可是，沒有改善能量的轉換效率就無法改善電腦的效能，我們被逼入了這樣的窘境，而要擺脫這樣的情況，就不得不開啟從２Ｄ進化到３Ｄ積體電路的新時代大門。**對不連續技術——這也被稱為突破性技術——來說，這正是一個機會。**

即便如此，要記憶體公司動起來也沒那麼容易，所以我認為最好是先層疊 SRAM，將之容量擴大到能與 DRAM 匹敵，從與處理器連接開始著手。處理器公司能開發 SRAM，所以能單獨做出決定。而 DRAM 的微縮則也因某些理由而差不多要停止了。

2 半導體 CUBE——從橫向往縱向

薄餅型與切片麵包型

３Ｄ（立體）積極是從記憶體開始的。

首先是將兩枚 DRAM 晶片層疊成 HBM（高頻寬記憶體）投入市場，之後層疊數

圖 4-2　豎著放置 CUBE 晶片的切片麵包型比較能提高散熱、供電、通訊的效能

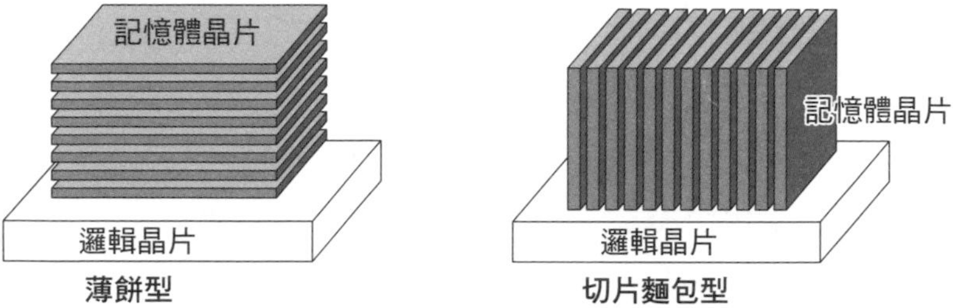

（出處）筆者製作

就增加到了四枚、八枚、十二枚。

其次，也開始了記憶體與邏輯的3D層疊。超微半導體公司（Advanced Micro Devices, Inc., AMD）也發布了在邏輯晶片上實際層疊兩枚SRAM晶片的處理器。透過加大CPU快取的容量，就能改善處理電性能30%。這樣的效能改善足以與推進一代微細化的效果相匹敵。這正是More than Moore。

不論是哪種情況，晶片都是用平擺堆積的。沒有人將之豎著平行擺放。晶片的邊長是1cm，厚度是0.1nm。沒有人想到要把這樣薄的晶片豎著擺。至少在重疊十枚的時候……。

可是，若是把晶片重疊到一百枚時會怎樣呢？厚度會變成1cm。也就是說會變成立方體

（CUBE）。

來考慮一下把記憶體晶片重疊一百枚做成記憶體 CUBE，然後層疊在邏輯晶片上吧。我們可以考慮兩種在 CUBE 中層疊記憶體晶片的方向。一種是橫著放，還有另一種則是豎著放。前者稱為薄餅型，後者稱為切片麵包型。所謂的切片麵包型就是指預先切好的吐司（圖 4-2）。

其實，比起薄餅型，切片麵包型的優點比較多。

第一就是容易散熱。

晶片基板的矽所傳導的熱是佈線介電質矽氧化膜的一百五十倍。若是切片麵包型，矽基板會使熱由下往上釋放。若是薄餅型就會有點像是蓋了好幾條毯子，矽氧化膜或妨礙散熱。

3D 集積的最大問題就是散熱。

若是堆疊許多晶片，發熱量就會與枚數成正比的升高。

如何將這樣的熱傳導到封裝上部的散熱板是個問題。就這點來說，切片麵包型比薄餅型的要有利得多。

例如若使用薄餅型時，CUBE 內的最高溫度會達至２００℃，但若是切片麵包型，則能抑制到１００℃。

第二，容易通訊。

在薄餅型中，因為堆疊了記憶體晶片，所以愈是放在下面的記憶體晶片，與邏輯晶片的連接佈線就愈多。

如果可以，一般會想堆疊相同的記憶體晶片。這麼一來，佈線會是共通的，也就是說會串接晶片，用一條配線連接所有晶片。如此，邏輯晶片在與一個記憶體晶片通訊時，就必須將訊息傳送給所有的記憶體晶片，因而產生延遲與浪費電力。

但是，若是切片麵包型，所有的記憶體晶片都有與邏輯晶片連接，所以即便堆疊相同的記憶體晶片，就能各別配線，不會產生延遲與電力的浪費。

只不過，為了要用記憶體晶片的一端與邏輯晶片通訊，就必須要特殊的通訊技術。而磁耦合通訊就能實現這點。這種技術是透過結合在佈線周遭形成的磁場來進行通訊。優點是，即便兩個晶片的位置稍微有些偏移也能通訊。

那麼，又要怎麼進行供電呢？

若考慮到要從邏輯晶片供電給CUBE，比起切片麵包型，薄餅型的會更容易做到。

可是，就跟在通訊上討論到的一樣，若是用薄餅型的由下方晶片供電給上方晶片，愈是下方的晶片因為愈是接近供電源，就會有比較大的電流流經，所以必須要有較粗的電源線。因此，若是堆疊相同的記憶體晶片，愈是上方的晶片就會有多餘的電源線而導致浪費。

此外，CUBE的記體枚數若增加，消耗電力也不會小於邏輯晶片，所以貫通邏輯晶片來供電這件事，會產生很多的浪費。相較之下，若能從封裝中直接供給電力給各記憶體晶片的側壁，就能縮小邏輯晶片的面積。

若是像這樣下功夫鑽研，將會需要新技術，以能從封裝直接供電給各記憶體晶片。而現今也正在商討各種創新想法。

但是，要堆疊超過一百枚的晶片是否很困難？

若是按照下列的做法，進行起來就會比較順利。

首先將兩枚晶片的表面相互貼和，然後削掉一方的背面，製作模組。其次，將兩枚模組貼合在被削掉的兩面上，然後削掉一方的背面。這麼一來就能做出四枚堆疊在一起的模組。只要重複七次像這樣的堆疊，就能堆疊出一二八枚的晶片。只要重複十次，疊枚數一一加大成兩倍的作業，就能用相同方法堆疊出超過一千枚的晶片。

從記憶體 CUBE 到系統 CUBE

記憶體中，有 SRAM、DRAM、NAND 快閃等。運作速度是以 SRAM 為最快而 NAND 為最慢。另一方面，記憶容量則是 NAND 最大，SRAM 最小。沒有一個記憶體是一切都很完美的。

因此，要分級使用記憶體。也就是說，若是立即要用上的資訊就放 SRAM 或 DRAM 中。另一方面，若是暫時還用不上的資訊，就保存在 NAND 或 DRAM 中。

如果能將 SRAM 擴大容量到與 DRAM 一樣，就會出現運算效能有飛躍性提高的革命。

AMD 就展示出了這樣的可能性。將兩枚 SRAM 實際堆疊在處理器上時，就能改善其效能，使其效果與推進了一代的微細化相同。

那麼，若是將一二八枚的 SRAM 堆疊起來會有什麼樣的效果呢？

若是將 SRAM 晶片的尺寸大小設定為 8.4mm×3.0mm，厚度為０．１mm，CUBE 的形狀就會是 8.4mm×3.0mm×12.8mm。

若是使用Ｎ２之後的最尖端處理器，記憶體容量就會變成是24ＧＢ，與堆疊了十二枚 DRAM 的 HBM3 相同。電力也和 HBM3 一樣。

另一方面，資料傳輸的範圍則是每秒１４．４ＴＢ（兆位元組），與 HBM3 相比，頻寬是十七倍寬。延遲的時間也是在十個循環以內，是 HBM3 的五分之一以下。

若能做出像這樣的 SRAM Cube，就能替換掉 HBM3，更為顯著地提升運算效能。

若是將 SRAM 晶片的厚度弄薄到０．０２５mm，就能將記憶容量擴充到四倍大。

與 SRAM CUBE 一樣，DRAM CUBE 與 NAND CUBE 也能做得出來。利用黏和劑將晶片黏在一起，所有晶片就都能做成 CUBE。

而且也能自由地做出隨喜好比例組合 SRAM、DRAM、NAND 的記憶體 CUBE。只要依不同的應用方式作最佳搭配就好。

邏輯晶片加上 CUBE 後，也會變成系統 CUBE。

例如，將加速ＡＩ處理的邏輯晶片和 SRAM 晶片對接地接合。再根據需要連接 DRAM 以及 NAND 製成 CUBE。將周邊電路、晶片內的網絡電路等集積起來以比較便宜的處理器製造出邏輯晶片，再將這邏輯晶片裝設在 CUBE，就能做出系統 CUBE。

只要迅速看一眼書架，就會看到書本是縱橫堆放著的。在封裝中，將來也會像書本排列在書架上一樣排列晶片吧。

The best thing since sliced bread

現在，切多少片的吐司就賣出多少是很理所當然的，但是在距今九十年前剛開始發售切好的麵包時，可是很劃時代又受人歡迎的。

因此，從這件事就產生出了一句英文的慣用語：The best thing since sliced bread。這指的是：「劃時代的東西、很棒的東西」。

用法像是：This new smart phone is the best thing since sliced bread!（這個新手機真是劃世代的產品！）

若是將３D 集積的晶片從橫到縱做成切片麵包型的，完全就可以那樣說了。

This new 3D chip is the best thing since sliced bread!

3 將大腦連接上網路——Internet of Brains

在劍橋看到的神秘景象

二〇一九年，劍橋的春天遲來了。明明都到了五月，人們還是穿著厚外套。

一到黃昏，哈佛大學的校園就更為美麗了。走在新綠草坪上的學生身影變得稀疏，不久，從學生宿舍中就漏出了橙色的燈光。在黑暗逼近的校園中，降下歷史的帷幕。

在這燈光下，人類繼承了累積的學問，並且誕生出新的知識。如同被燈光吸引般，我有了一種衝動，想在這裡學習。雖然因為老花眼，讀起書來頗為辛苦，但若能不斷留級並持續一輩子地去學習，人生一定會變得很豐富吧。

可是，若允許發生這樣的事，校園中可就會充滿了老人。啊啊～如果能在年輕時造訪此地就好……我沉浸在這樣的感傷中。

隔天是ＡＩ晶片的研究會議。中午前是在MIT（麻省理工學院），下午則是去到哈佛大學。搭乘地鐵紅線，從查爾斯酒店（The Charles Hotel）附近的哈佛廣場站到MIT媒體實驗室的肯德爾站只要十五分鐘。可是那天我卻突然想要試著用走的。

我沒看到查爾斯河。我一邊想著在電影《社群網戰》（The Social Network）中看過的划船比賽景象，一邊邁著步伐。

可是出乎我意料之外的，我並沒有在街角發現什麼有趣的事物。我走了差不多一小時後感到有些累了，最終站在主幹道和巴薩街的十字路口上停了下來。

這時候，突然有幅神祕的畫飛入我的眼簾。

那幅畫是窗玻璃反射出放置在藍色現代化大樓玄關大廳裡大型電腦展示器上所顯現的畫面。在大樓上寫著MIT麥高文大腦研究院（McGovern Institute for Brain Research）。

我仰望著模仿著扭曲大樹的紀念碑進入大樓，將身體深深投入柔軟的沙發中。大廳裡有著安全門。年輕的研究人員們，一手拿著手機或咖啡，匆匆地走進走出。

這些人都是來自全世界的菁英。眼中都透著才氣與自信。這是在進行著世界最尖端研究的人們所共有的氣質。

一百英吋的電腦顯示器上放映著介紹研究的簡報。

啊，就是這個！

把我吸引到這裡來的神祕畫作被放映出來了。

無論是天體照片還是抽象的繪畫都看得到。黑暗中閃爍著彩虹色的無數收縮線條編織出了小宇宙。在朝向那裡的前方，就像精子組成了隊伍將要衝鋒陷陣般。

我看著「大腦的新影像」這個標題，得知了這張圖就是大腦的神經網。這是一張可以將視點自由轉換為三維空間來觀看的大腦設計圖。

「博依登（Boyden）研究室開發出了一種技術，能照出腦細胞內部的蛋白質以及RNA」。

然後幻燈片改變了。這次出現了手拿發著藍光製劑的科學家。標題則為「膨脹顯微鏡法」。

擴展顯微術以及與之相反的方法

擴展顯微術？

這是指能放大細胞與組織的意思吧？還是愛麗絲夢遊仙境症（Alice in Wonderland Syndrome, AIWS）？利用手機搜尋了「擴展顯微術」後，我在科學雜誌《*Nature Digest*》（二〇一五年 Vol12No.4）中找到了〈讓大腦膨脹，以觀察納米級細部〉（暫譯。脳を膨らませてナノスケールの細部を観察）這篇文獻。

我讀了引文。裡面寫到：「通過使用於紙尿褲吸收體的材料來讓大腦組織膨脹後，使用一般的光學顯微鏡，就能連只有60nm的特徵都解析得出來。」

在本文中寫有詳細的方法。最初是將螢光分子標記在大腦組織中特定的蛋白質上。其次是將丙烯酸鹽單體滲透到腦組織中，使之與螢光分子標記結合。只要讓這個單體的聚合反應開始，在腦組織內就能形成丙烯酸鹽聚合物的網眼狀結構。

分解完大腦組織的蛋白質後，將水加入剩下的丙烯酸鹽單體中。這麼一來，就會像紙尿布一樣吸水膨脹，與網眼狀構造結合的螢光標記間隔就會正確地朝各方向拓展開來。最後，就能清楚看見一開始利用光學顯微鏡時近乎無法識別的螢光標記了。

也就是說，將大腦組織的蛋白質位置複製到紙尿布上，加水讓其膨脹後，就能利用光學顯微鏡觀察到了。眼前的彩虹色繪畫就是把那個影像用電腦圖學製作完成的色彩鮮豔的3D圖。是很完美的視覺化圖像。

在幻燈片中，愛德華・博伊登（Edward Boyden）問道：「**如果想把大腦看得更清楚些，你該怎麼做呢？是縮小科學家，或是放大大腦的組織吧。**」

博伊登教授當然是選了後者。

如果是我，就縮小科學家！

接下來開始是我的幻想。在100㎛見方的晶片上製作集積了一百萬個影像感測器的小顯微鏡。一個感測器的大小是100nm見方。

若能把這晶片搬運到大腦組織中，在最近的距離下，是否能看出60nm的特徵呢？若利用無線通訊收集、解析許多晶片所捕捉到的影像資料，是否能重新構築整體像呢？

我紛亂的幻想無止盡地持續著，忘了時間，也忘了疲憊。

我當時有參加國立研究開發法人科學技術振興機構（JST）的 ACCEL 計畫。當初的研究題目是改善電腦的電效率，但很快地，ＡＩ風潮興起，我也考慮著想要製作移動人工智能「eBrains」。

只要將極小的晶片嵌入腦中，就能將大腦與網路做連接。因此，**繼物聯網 IoT（Internet of Things）之後，就能實現大腦網路 IoB（Internet of Brains）**，在大腦之後，或許就是細胞網路 IoC（Internet of Cells）？

不，在這之前，應該要先將裝在人身上的感測器以及執行器與大腦連接，**先決定好人體的內部網路吧。融入大腦或身體的電腦，或能擴張人的感覺以及免疫，支援高齡者的社會生活。**

我也想到了像這樣的夢幻故事。

若大腦與網路做了連接

大腦與電腦的牽扯很深。

大腦打造社會，生出心靈。人知道自己的想法，並為了傳達出那想法而獲得了語言與邏輯。

人於是更擴張了認知能力，並以此做為工具，創造出了數學。過了不久，數學便深植腦中，並因著高度的抽象化而脫離了身體，最終從大腦中滿溢出來。電腦於是誕生了。

就像津田一郎博士用「心靈全都是數學」來表現意識的普遍性，又或者是像森田真生在《數學化身體》（暫譯。数学する身体，新潮社）中所描繪的那樣，產生在抽像化之前的就是電腦，是人工智慧。

若是製造出擁有左右腦的 eBrains，就會與人的大腦一樣，用右腦來認識圖像與聲音後，是否能在左腦的整合皮質中形成為抽象的語言？

大腦若與網路連接，是否會像馬特・里德利（Matthew Ridley）在《理性樂觀主義者：繁榮如何演變》（暫譯。*The Rational Optimist: How Prosperity Evolves*）中所描述的那樣，連結的人口愈多，愈會提高產生出創新的機率，最後，繁衍出的想法會覆蓋住整個地球吧(35)。

同時，又是否會像馬文・明斯基（Marvin Minsky）博士所主張的那樣，代理人的集合會誕生出「心靈社會」？意識與藝術都產生於語言之前，電腦能否與人一樣完成進化呢？（還是會被養老孟司老師說是「笨蛋」而一笑付之呢？）

4 同步與非同步——晶片的節奏

晶片的同步設計

半世紀前，人們在討論著使用時脈來使電路時序一致的同步設計，以及不那樣做的非同步設計的對錯。

加州理工學院進行了如下的實驗。給予一般學生的課題是同步設計晶片，而給予成績優秀者的指示則是以非同步來設計一樣的晶片。結果，**同步設計一組中的許多晶片都能正確運作，而非同步設計的一組則沒有正確運作**。在非同步設計中到底發生了什麼？

在邏輯電路中有著組合邏輯電路以及序向邏輯電路兩種。組合邏輯電路在決定好輸入後就要確定好固定的輸出；而序向邏輯電路則是即便輸入一樣也會因應不同狀態而改變輸出。若計算的答案一直都是一樣的，就可以使用組合邏輯電路，但為了因應不同控制狀態而必須改變運作時，就改用序向邏輯電路。

狀態是會轉化的。例如當以二位元來表現的狀態﹝S1，S2﹞，從﹝0，1﹞的狀態轉化為﹝1，0﹞的狀態，就會在無意識中瞬間通過的﹝0，0﹞或﹝1，1﹞的狀態。因為S1與S2是不同的電路輸出，又或者說即便是完全相同的電路輸出，電路的元件在製造上也各有偏差，所以難以使兩者的時序一致。

這瞬間的猶豫﹝動態危障（dynamic hazard）﹞在計算上最終仍會引導出正確答案，所以不會造成問題，但在控制上卻會成為故障的原因。因為在猶豫的瞬間，數據資料就抵達了，所以會弄錯控制。

因此就像紅綠只要一轉成綠燈，車子就會一起發動那樣，早些到達的數據資料也要暫且等一下晚到的數據資料，在時脈變化的瞬間，只要一起輸出數據資料，就能配合時脈的週期讓時序達成一致。

圖 4-3 正反器電路
（時脈上升時收取數據資料並保持一個週期）

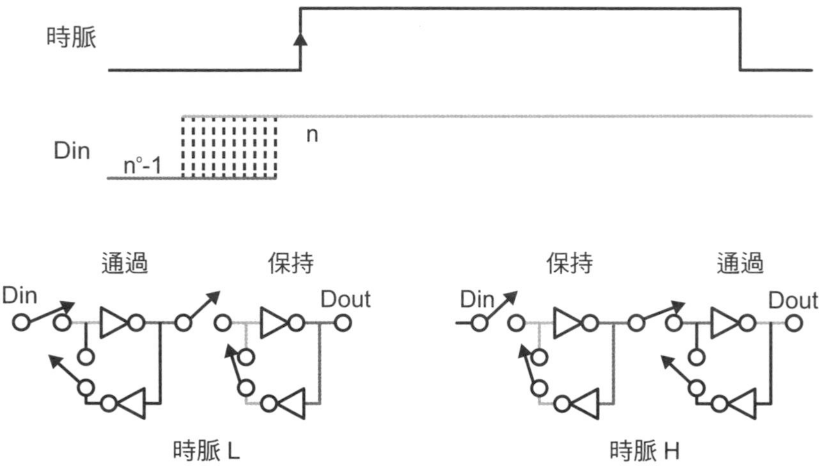

（出處）筆者製作

只要使用兩個逆變器做成圈就可以保存數據資料。因為即便將L輸入第一個逆變器，而輸出是H，在第二個逆變器中H會變成L，在第一個逆變器的輸入中返回為L。

將利用時脈開閉的開關夾在該圈內，時脈為L時，圈會關起來保存數據資料，而當時脈為H，圈則會打開讓數據通過。我們稱這種電路為門鎖（latch）。因為就像門上的鉤環一樣能鉤住數據資料。

連接兩個門鎖，同時提供前方門鎖反相的時脈電路稱為正反器。

時脈為L時，前段的門鎖會讓數據

資料通過，而後段的閂鎖則會保存之前的數據資料，但時脈變為H時，前段的閂鎖就會保存那個時間點的數據資料，而後段的閂鎖則會讓資料通過，所以在這個瞬間，數據資料就會一起從正反器中被輸出（圖4-3）。

順帶一提，時脈從H變成L時，前段的閂鎖雖會讓數據資料通過，但後段的閂鎖卻會更早一步保持住現在的數據資料，所以正反器的輸出就會保持住現在的數據資料，等待著接下來的數據資料。

只要使用正反器，就能驗證在每個時脈循環中的時序，所以能降低檢驗的成本。因此一般的晶片都會使用正反器。

另一方面，只要使用閂鎖，時脈是H時，資料就能通過，即便是在某個循環中發生了延遲，後面也能挽救。可是時序驗證必須要回溯到過去的循環來進行澈底的調查，因此會提高驗證成本。處理器都會使用閂鎖。

再次思考非同步設計

為了提高晶片的性能，必須要設計出細緻周到的時序。邏輯電路的信號傳播延遲會受到元件製造偏差或是電源電壓以及溫度變化的影響，如此一來，就要計算生成時脈時的波動以及分配時的時差，並透過設計出對作為目標的製造成品率來說多於必要的時序，就能保證不延遲。

這個充裕的設計，會伴隨著元件的微細化以及電源電壓的下降而增大。而時脈一旦變得高速，被稱為時序收斂（Timing closure）的時序設計成本也會增多。

在同步設計中，最慢的電路是由時序的週期來決定，所以此外的大半電路對效能都不會有影響。另一方面，單靠時序的分配以及正反器，消耗的電力就會從四分之一增長到二分之一。

在像這樣同步設計的成本以及浪費變得很顯著的情況下，開始了一項研究，就是在時脈頻率超過一千兆赫時，重新修正非同步設計。伊凡・蘇澤蘭（Ivan Sutherland）在二〇〇二年發表了一篇論文，題名為〈沒有時序的電腦——非同步晶片將各電路盡可能高速化，並提升電腦的效能〉。昇陽電腦*UltraSPARC Ⅲi的一部分就使用了非同

*昇陽電腦（Sun Microsystems），二〇一〇年已被甲骨文公司（Oracle）收購。

步電路。

蘇澤蘭是被稱為計算機圖形學之父的天才。他也精通晶片的設計。一九九九年時，他提出了邏輯電路的延遲模型「邏輯努力（Logical Effort）」。這模型很出色，我也會在課堂上教學生。

他在二〇〇三年發表了一篇關於使用電場耦合的晶片間連結的論文。那時候正是我們開始研究使用磁場耦合晶片間連結的時候。二〇〇七年，我成了柏克萊加州大學MacKay Professor，得以在教職員會議上與他同席，對此，我感到很榮幸。

言歸正傳。非同步電路是使用雙軌邏輯，兩個輸出相等的期間是正在計算中，輸出的一方有所變化時就會將運算結束的訊號以及運算結果傳給下個電路。

非同步設計當然要比同步設計使用上更多的電晶體以及配線，但與同步設計的浪費相比，或許也有獲得益處的時候。

我認為那應該就是7nm世代了吧。可是**能提高電晶體閘極控制力的FinFET效能超乎我預期，用7nm無法確認非同步設計是否逆轉了情勢**。今後，電晶體的構造改革應該也會持續下去吧，所以或許在不久的將來就會有機會使用到非同步設計。

不過在AI領域中受到矚目的神經網路等佈線邏輯是來自於平行的資料處理，而平行的資料處理則很適合於非同步設計。

（這麼說來，我們會在一瞬間猶豫好多次，而且也會做出錯誤的判斷。）

自然界的節奏

一六六五年的某天，荷蘭的數學家・物理學家・天文學家克里斯蒂安・惠更斯〔Christiaan Huygens，以光的波動說為基礎，發現了「惠更斯—菲涅耳原理」（Huygens–Fresnel principle）〕偶然發現到，並列掛在房間牆壁上的兩個時鐘的鐘擺是同步的。一邊的鐘擺往右擺時，另一個必定是往左擺。即便刻意調亂時序，過了一陣子後也一定會同步。

但是，若是將兩個時鐘分開掛在不同的牆壁上，就不會發生同步。惠更斯推測，是否是因為在這兩個時鐘之間有著非常弱的相互作用在運作著呢？

這個世界上充斥著節奏。而節奏一旦遇上了節奏，互相就會同步。

例如若是走在吊橋上，人們的步調會不經意地重疊，橋就會大為搖晃。架設在倫敦泰晤士河上的千禧橋在二〇〇〇年就發生了大搖晃。流行與塞車也都是根植於同步現象。

昆蟲以及細胞也會發生同步。在東南亞，有無數的螢火蟲會聚集在紅樹林的森林裡，一起發光。

在哺乳類中，位在大腦下視丘的視交叉上核有約兩萬個的神經細胞在進行合作來打造體內的生理時鐘，產生出睡眠時間等的節奏。在心臟，則有約一萬個的起搏細胞不斷地同步發動，一生中確實地刻印下三十億次的心跳。

沒有心臟的無生物也會同步。在超導現象中，無數的電子會配合步調前進，所以電阻幾乎為零。雷射之所以會形成強烈的光束，也是因為無數的原子放射出了統一相位與振動數的光子。

另一方面，我們之所以經常能看見夜空中月亮裡的兔子，也是因為月球的自轉與公轉同步，一直都是用同一側朝著地球。此外，太陽係內的行星重力是同步且一致的，因此有時會從小行星帶朝地球吐出隕石群，而這就有可能導致了恐龍的滅絕。

同步現象也同樣存在於由人類所打造出來的網路以及虛擬空間中。連接到高壓輸電網路的發電機會自然而然地同步。能源會從運轉速度高的發電機流向低的一方，進行速度的調整。結果，異常情況就會形成連環事故。還有，網際網路也是，路由器會像螢火蟲那樣同步，我以前就曾看過電信通訊突然出現變動的現象。

一九七八年，羅伯特．阿德勒（Robert Adler）寫出了想要控制同步的最初工學式嘗試相關文章，解析了振盪電路頻率引入現象。

一開始嘗試三個以上電路結合同步的，應該是我的研究團隊。在二〇〇六年，我們用傳輸線連結了集積在一個晶片上的四個振盪器的輸出，成功地使其結合同步。其次是在二〇一〇年，我們堆疊了四枚晶片，在將晶片以磁耦合狀態下，發現了集體同步現象，並開發出了利用這個現象在各晶片上正確分配時脈的技術。

這樣的集體同步現象可經由非線性科學來解釋清楚。

【專欄】集體同步的模型

從熱力學觀點統一表現人類能夠感知的宏觀世界物理法則是「能量守恆定律」（熱力學第一定律）與「熵增定律」（熱力學第二定律）。

能量會一邊改變其型態，一邊保存整體的總量，對於這樣的能量保存定律，熵增定律補充了一個事實，就是能量的質（在人類能否有效活用這個觀點上來談的質）會不可逆地劣化。

一八六五年，統計力學的先鋒路德維希．波茲曼（Ludwig Boltzmann），從原子以及分子這一微觀立場闡明了由德國魯道夫．克勞修斯（Rudolf Clausius）所引入的熵這個概念。熵增定律顯示出了一項事實，亦即微觀狀態的雜亂會不可逆的增大。

只要這麼一思考就會知道，世界是從動到靜、從構造到無構造、從生向死，最後，借用波茲曼的話來說就是，「宇宙會熱寂」。能量的耗散是否意味著崩壞呢？

不，不是這樣的。從比利時的化學家伊利亞．普里高津（Ilya Prigogine）在一九六七年時提出了「耗散結構」這個概念起，就在闡明於能量不斷的耗散（崩壞）中，出現有構造（創造）的秩序結構。

也就是說，促成熵的生成，使其朝向構造和運動消失的力，同時也會成為產生出構造以及運動的驅動力。

例如燃燒蠟燭時，熱會向周圍擴散，因周邊空間的溫度高低來形成一種構造。這個構造會隨著熱的四散，也就是熵的增大而趨向崩壞，但擴散的熱絕不會形成會自然聚集在一起的構造。另一方面，透過將因燃燒而產生的熵持續排出到空氣中，就能創造出火焰這個構造。

熄滅火焰，終結熵的生成後，就會形成熱平衡。可是蠟燭一直保持那樣的形狀，被稱為「熱寂」的世界並不會立刻到來。

為了不產生熱的移動，只會分配有限的能量給蠟燭以及其周邊的東西。在這樣的制約下，熵的生成被最大化後，各物質內的原子以及分子會靜止下來，變成亞穩態，保持住其形狀以及特性等個性。只要再度用火點燃蠟燭，隨著熵的生成，同時也會產生火焰。

跟著火焰一起被放出的熵，是否會積存在地球上呢？地球主要是從太陽那裡接受到能量，藉由紅外線將熵與能量放射到宇宙的空間。此外，上空、地表以及地下深處的溫度差會成為驅動力，有效地進行能量循環以及放出熵來。

◇◇◇◇◇◇◇

在大學內學到的物理及工學有使用到線性系統。線性系統的特徵是能從構成要素性質的單純合成——線性組合去了解系統整體的性質。也就是說，部分的總和就是整體。

因此，即便是非常大規模又複雜的問題也能細分，各別地解決問題，而將從中獲得的瑣碎回答組合起來，就能知道整體的情況。即便是分子完全獨立運動的氣體，也能使用線性的統計力學。

但是，在固體和液體中，分子間有強力的相互作用在運作著，所以不能這麼做。然而這麼一來，問題就會過於複雜而變得無法應付，所以會選用線性近似。在小變化的範圍內，能用來處理「氣體」，所以就能從該氣體的性質來掌握住固體以及液體的性質。

在許多情況下，物質是微觀因素的非線性集合體，無法忽視因素以及因素間的相互作用。其結果就是會導致在輸入小的期間是線性系統，但輸入變大時，就會變成非線性系統。

例如我們可以來想一下細菌的群體。當細菌的總數增加而營養物枯竭，其增值就到了盡頭。又或者是，在放大器電路的輸出超過電源電壓之前，我們無法期望其會與出入成正比。

如同在無線工學*中所學到的那樣，只要將正弦波輸入非線性系統，在輸出中就會出現高次諧波以及互調失真後的新波。又或者是像水結冰或金屬表現出超導性那樣，會突然產生空間性的秩序，或是物質性質產生大變化的相變現象。產生出新東西的現象，是源於構成要素間的緊密相互作用。

要闡明這種複雜非線性現象所不可或缺的，就是電腦模擬這類技能，以及除卻本質以外，建立所有東西的數理模型這種洞察力。

非線性要素的集團是如何同步的呢？既然沒有來自指揮者或是環境的信號，那麼集團要怎樣才能同步呢？

一開始，同步現象的研究是以生物學家為首，然後依社會學家、物理學家、數學家、天文學家、工學家的不同，在各自研究領域中獨立進行。最終，人們吸取這些研究成果，同步現象的科學朝耦合振子的研究方向匯集，發展成多數耦合振子會相互影響的非線性科學。讓我們來回顧一下偉大的數學家以及物理學家們是如何解決這一難題，並探尋同

*無線工學，特指採用無線通訊相關項目的電機工程學、通信工程部分範圍。

步現象（拽引現象）的構造吧。

最早致力於闡明集體同步的是美國MIT數學家、提倡模控學的諾伯特・維納（Norbert Wiener）。

他直覺地認為Alpha波是大腦最主要的生理時鐘。他提出了一個假說是，透過擁有個不同節奏的神經元，就會產生頻率的拽引現象。

可是，他還沒能證明這點，就在一九六四年去世了。隔年，美國康乃爾大學的一名學生找到了逼近那個問題的數學式手法。該名學生就是理論生物學家亞瑟・溫弗里（Arthur Winfree）。

在介紹溫弗里的工作之前，讓我們先來說明美國紐約大學應用數學家查爾斯・佩斯金（Charles Peskin）於一九七五年所提出的心臟起搏器模型。

佩斯金將起搏細胞的細胞膜電位振動比作電子振盪器。那是個非線性模型，是經由細胞膜漏出的通道（電阻），而細胞膜（容量）得以充電，當電位超過某個閾值就會引燃並放電。

佩斯金建立了一個模型，就是將振動子以同等強度結合，並只在引燃的瞬間相互影響。也就是說，一個振動子引燃時，就會因此而立刻讓其他振動子的電位上升到一定量。由此，只要出現超過了閾值的細胞，那個細胞也會立即起火。可是當時的數學無法處理這種因為脈衝而引起相互作用的大規模振動系統。因此僅限於兩個同一振動子的微弱結合，並證明了振動子一定會同步。

而溫弗里更抽象化了佩斯金的模型並打造出了只留下其本質的結合振動子數理模型。該模型大致如下。

兩個振動子朝相同方向、以相同速度在圓周上旋轉。兩個振動子之間有引力或斥力作用。這個相互作用是由兩個振動子的位置，亦即位相來決定的非線性的力量。因為相互作用而改變了兩個振動子的速度，最終因正相位或是反相位而同步。也就是說，相互作用在引力的情況下，兩個振動子會變為相同相位，在斥力的情況下，則會變成偏離一百八十度的相位。

如果兩個振動子本來的速度就不一樣，則在接近〇度或一八〇度相位差的地方就會趨於穩定。其偏差是由相互作用的大小來決定。相互作用愈強就愈小，相互作用若小於某個值，就不會出現同步現象。

其次以方程式來說明增加振動子的數量，對集體來說，各振動子移動的速度關係為何。一般認為，在某個時間點的振動子速度是由以下三個因素來決定。第一是與振動子固有頻率成正比的速度。

第二是來自外部影響整體的感受性。這是由我們所關注的振動子位置來決定的。第三是因其他所有振動子所受到的總體影響。這是由其他所有振動子的位置所決定的。

這個方程式成了非線性聯立方程式。雖然就解析上來說是解不開的，但透過模擬，能再現集體的舉動。首先給出全振動子的位置，然後利用方程式來計算振動子的瞬間速度，求取下個瞬間振動子的位置。透過重複多次這個運算，就能預測振動子的命運。

溫弗里在改變敏感度函數和影響函數組合並重複模擬中，發現到了幾件事。例如除了有自發同步的情況，也有破壞同步的情況。而且自發性同步時，在過程中沒有成為核心而不可欠缺的振動子。

同時，最重大的發現就是，只要提升集體的均質性，在超過某個臨界點時，集體會突然變成同步。這有點像是只要將水冷卻，就會出現相變，變化成冰。

相變是因為要建立秩序的作用以及欲破壞秩序的作用的優劣關係逆轉而突然出現的。若是把頻率分布的範圍想成是溫度，對應水分子的振動子就會因相互作用而「凝固」（亦即同步），出現宏觀的時間秩序。

溫弗里就這樣在非線性力學以及統

計力學這兩個學問體系間搭起了重要的橋樑。溫弗里在一九八〇年發表了《生物學時間的幾何學》（*The Geometry of Biological Time*）。

因為溫弗里的成就，打開了嶄新的學問之門，陸續出現了才華洋溢的科學家們。

在京都大學教授物理學的藏本由紀改良了溫弗里模型，提出了藏本模型，他不是尋求仿真，而是尋求在解析上的精確解答。在康乃爾大學教授應用數學的史蒂芬・斯托加茨（Steven Strogatz）結合了脈衝，推進了對生物振動子的闡明，與此同時，其與學生鄧肯・沃茨（Duncan J. Watts）在共同著作中發表了「小世界」（small-world）理論，讓非線性科學在社會網路的領域中有所發展。

V

民主主義 More People

1 時間性能——Time is money

性價比與時間性能

我們經常會聽到「性價比高」這樣的用語。在半導體事業中，性價比也是最受重視的指標。

可是最近似乎認為「**時間性能**」也很重要。其原因有二。

一是，社會從資本密集型轉變成知識密集型。

日本在戰後復興中是以工業立國為目標，然後因半導體技術而改以電子立國為目標。工業社會（Society3.0）與資訊社會（Society4.0）是資本密集型社會，大就是好，所以會獎勵規格化大量生產、大量消費。可是隨著對環境負荷的增大，成長的界限也很明確地會走到盡頭。

日本的高齡少子化正急速發展中。我們所嚮往的新社會是「以人為主的社會（Society5.0）」。也就是說，是大家一起貢獻出智慧的社會。

智慧會產生出價值的社會亦即知價社會，是一個活用個體的社會。訂立能永續成長的戰略，以總活躍社會*為目標，就是日本的新戰略。

要做到這點，數位創新是驅動力。

因為新冠疫情感染偶然地擴大，於是加速了數位創新。**數位創新從建設平台開始。此時，速度就決定了勝負。**

資本密集型社會中材料是資源，而物品是價值。也就是說，從材料製作成零件，然後完成產品。其中要加入服務、設計、市場戰略等智慧，並進行社會實裝**。半導體是零件。零件一定要便宜。

另一方面，知識密集型社會中數據資料是資源而智慧是價值。也就是說，用AI來分析透過IoT以及5G所收集到的數據資料，然後完成服務與解決問題。過程中會加入半導體的力量並進行社會實裝。

*安倍晉三曾於二〇一五年提出「一億總活躍社會」的口號，那是為配合其「新三支箭」政策，聲言要創造一個人人都能夠在家庭與職場當中活躍起來的社會。「一億」是因日本總人口約一億多人。

**社會實裝，指將技術與概念實際應用來解決社會問題。

也就是說，製造價值的主客逆轉了，半導體的任務是轉換成更高的價值。**半導體事業也必須從以往的零件事業蛻變為社會實裝事業，所以必須要有嶄新的戰略。**

重視時間性能的另一個原因是，**半導體從產業的糧食成了社會的基礎建設。**

在資本密集型社會中，運送資源也就是材料的道路、港灣、鐵路、空港是社會基礎設施。但是在知識密集型社會中，數據資料是資源，社會基礎設施是資訊網路。而支援資訊網路的則是半導體。

做為零件的半導體事業重視性價比。電視、ＰＣ、手機這類民生用品每隔幾年就須要買新的，所以若是之後推出了性價比高的設備，消費者就會買新的。也就是說，性價比很重要。

可是通訊機器或是機器人等工業品，要十年才會買新的，所以之後即便推出了性價比高的裝備，經營者也不會買新的。結果先推出市場的裝備就會被廣泛使用。

就像這樣，**在Society5.0時代的半導體事業中，時間效能就變得很重要。亦即「時**

間就是金錢」。時間由開發效率來決定，而效能則由電效率決定。

「後5G（Post 5G）」時代所要求的半導體

在5G中，為了能應對多樣化的服務以及使用情況，要求基地台要靈活化。也就是說，必須要透過在通用處理器將功能虛擬化或分段化，才能靈活地構築網路。

另一方面，5G之後，電波難以飛出，覆蓋範圍變小，所以要求基地台小型化。也就是說，要能用便宜的費用將許多基地台設置在都會中，就一定要縮小電力、容積和重量。通訊事業經營者的目標就是「5瓦特、5公升、5公斤」。

在小型基地台中，不會使用到大量的電力，所以不得不降低處理器的效能。為了補足不夠的效能，就需要電效率較高的硬體加速器。將搭載FPGA或ASIC的網路卡裝到處理器上，運算量大的定型化處理則交給電腦硬體。

就像這樣，即便從5G起就引進通用處理器（實際上，在4G以前是使用利用ASIC的專用硬體），**決定效能與成本的關鍵還是在FPGA以及ASIC上。**

我們試算了一下，在通用處理器上，將FPGA以及ASIC當作加速器來裝備時，會

表 5-1　5G 基地台電腦硬體的時間效能
Rass 研究開發敏捷式 3D-FPGA 以及敏捷式 3D-ASIC

	處理器	FPGA	ASIC	敏捷 3D-FPGA	敏捷 3D-ASIC
開發期間	－	6 個月	14 個月	1 個月	6 個月
開發費用	－	10 億日圓	45 億日圓	2 億日圓	15 億日圓
製造費用（10 萬台）	500 億日圓	200 億日圓	4 億日圓	250 億日圓	5 億日圓
電力	50W	30W	6W	15W	3W
容積	3L	2L	1L	1L	0.5L
重量	10kg	1kg	0.04kg	0.5kg	0.01kg

（出處）筆者製作

須要追加多少的費用、電力、容積以及量。算出來的結果統整成了表5-1。只要改變設想的條件，數值也會改變，但還是能進行相對的比較。

在電力制約下，將引出的效能用處理器、FPGA以及ASIC來進行比較，結果會是1／50：1／30：1／6，大約是1：2：8。要引出效能，ASIC是極為有效的。CPU以及FPGA的電效率很糟的原因是，需要相當多用於能夠設計程式的電路。為了讓之前的軟體也能派上用場，過往的陳年汙垢就會堆積在電路上。

可是少量生產的ASIC有個讓人擔心之處，就是成本高。自7nm以後，單是光罩的價錢就要花費十億日幣。然而若生產十萬個，價錢就會變成是處理器價錢的1／10。也就是說，處理器的利潤率就是這麼高。

近年，世界的潮流發生了改變，變成不用通用晶片而是**開發出專用晶片（ASIC）**，**其改變的原因就在於要削減電力與成本**。也就是說，因為性價比高。製造ASIC的效能比較好，而且也能降低成本。

以前通訊機器製造商也很積極地在開發ASIC。一九九〇年代時，電晶體數曾達到十萬個左右，所以在幾個月內就開發出了ASIC。可是現今，電晶體數都增加到了十億個，單只是設計就要耗時超過一年。

也就是說，集積度提高了，卻不能接受要花在設計．驗證上的時間，這就是ASIC的問題。再加上，日本持續在喪失ASIC的設計能力也成了一大問題。由於半導體產業的夕陽化而導致人才流失是很大的一個打擊。

通訊是基礎設施事業，所以事業的持續性是最重要的。擁有頻率分配的既得權益，能穩定發展業務的通訊業者，會訂好規格，讓多個供應商一同競爭。供應商在嚴峻的國際競爭中，只有少數大型廠商在M＆A最後生存了下來。可是最近的潮流是為了保障經濟安全而要確保供應鏈，所以我們得要重新審視這樣的產業結構。

供應商的競爭可以說是自決定好規格後到投入市場為止，以交貨期長短來決定的。因為在通訊機器事業中，最初發售裝置的公司會占較多市占率。

時間效能在ＡＩ中也很重要。因為ＡＩ的技術進步很快，幾年前的ＡＩ已經沒人在用了。

運用電腦

我曾從通訊業者的人那裡聽到如下的說法。「雖也有商業習慣上的不同，但中國的製造商僅用了兩個月就設計出 FPGA，與之相對，日本的製造商則是花了超過六個月的時間。於是我們去觀察了為什麼中國可以在兩個月就設計出來，結果發現是他們採用了人海戰術。」

日本應該採取的戰術並非人海戰術，而是充分利用電腦不透過人，也就是「No human in the loop」。

RaaS 是追求**時間效能**，以研究開發出開發效率十倍且能量轉換效率十倍為目標。

以開發效率十倍為目標，研究開發**敏捷式設計系統平台（表 5-1 的敏捷式 3D-FPGA 以及敏捷式 3D-ASIC）**，並透過國際合作的方式，展開 RISC-V 等開放式架構。因為是人不介入其中，完全利用電腦的全自動設計．驗證，所以消除了發生失誤的可能性。

同時，我們要以能量轉換效率十倍為目標，來研究開發 3 D 集積技術，透過與 TSMC 的合作，活用尖端 CMOS。藉由堆疊晶片在同一封裝內集積，就可以大幅縮短數據資料的移動距離，大為改善能量轉換效率。

這個戰略與美國國防高等研究計劃署（DARPA）的計畫「電子復興計畫」（Electronic Resurgence Initiative: ERI）有很多共通點。不同的是，日本擅長的點在於 3D 集積與組合。也就是說，日本可透過 EDA×3D 集積來開創出敏捷式設計系統平台。

日本的通訊業者將晶片設計外包給高通（美）、聯發科技（臺）、博通（美）以及海思半導體（中）。我們的目標就是，即便不仰賴國外的晶片設計公司，晶片使用者也能利用電腦來進行尖端晶片的設計。

2 敏捷開發——AI時代的晶片開發法

從瀑布式模型到敏捷式模型

以往，系統以及軟體的開發都是以瀑布式模型為主流。**這方法是一開始先決定規格與計畫，然後遵循計畫，由上而下進行開發．安裝。**前提是無法回到前面的工序，就如同水流無法由下游往上游流，以此為喻，就稱其為瀑布式。

與之相對的方法則是**由下而上，以小單位不斷重複進行安裝與測試，以推進開發，這種方法就是敏捷式開發。**在二〇〇一年時，敏捷式開發做為新方法而登場。與瀑布式模型相較，許多地方都能縮短開發期間，因為其「快速」「機敏」而被稱為敏捷式。

即便是在開發途中也可以改變規格或追加，這一點也是敏捷式開發的優點。另一方面，敏捷式開發也有缺點，那就是開發的方向性容易有偏差，難以掌握住總體而不容易管理預定計畫表。

如果前提是在開發途中可以理所當然地變更規格與設計，就不用在設計的階段嚴格決定好規格，只要先決定好大致的規格，具備於中途出現變更時能臨機應變的靈活性，就比較能應對顧客的需求。

決定好大致的規格與計畫後，就將系統分成小單位，進行「計畫」「設計」「安裝」「測試」，並在一～四周左右的期間內不斷進行效能的釋出。

另一方面，**晶片的設計則是由上而下的**。

我們將用文章與圖所表示的規格書以 Verilog 等的硬體描述語言來書寫，然後將處理步驟寫入按時脈週期分解的 RTL（暫存器傳輸級）描述中。接著，透過邏輯設計、電路設計、佈局設計，最後描繪出光罩的幾何學式模樣。像這樣，晶片的設計就是依次降低抽象度的變換作業（圖 5-1）。而這樣的變換能藉由 ChatGPT 來達到自動化。

晶片的使用者，也就是配套製造商是設計到 RTL（前端設計），而半導體設計公司則是進行邏輯設計以下（後端設計），做出了分工體制。

圖 5-1　如寫軟體程式般，配套製造商敏捷地開發了晶片

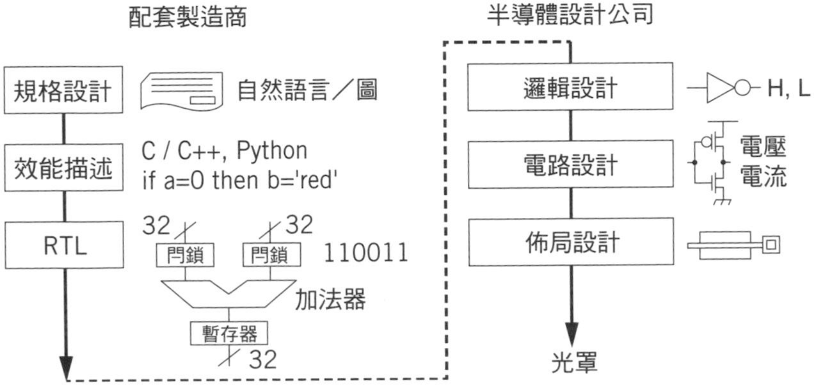

（出處）筆者製作

要提升設計效率，就要利用電腦的自動設計，從資訊量特別多的下游依次導入。在一九七〇年代時是光罩設計，八〇年代是佈局設計、九〇年代則是邏輯設計被自動化。從一九九〇年時起，也開始進行將系統設計自動化的高位合成相關研究，從二〇一〇年左右開始，則開始在部分上進行實用。

可是，一般要提升系統設計效率的方法是再利用 RTL。像是核心處理器或是記憶體控制器那樣的通用效能是作為設計資產（IP）在進行流通的。此外，專用電路的 RTL 也不是從頭開始製作，而是重新利用過去設計過的 RTL 所組成的。

即便如此，最近的大規模晶片，例如像

是蘋果的處理器 A12中就集積有六十九億個電晶體，但這樣的晶片開發是配屬了幾百名工程師，耗費數年歲月完成的。而開發費則高達數百億日圓。

集積度呈現出指數性的增大。過往的開發方法也差不多來到了極限。

再加上AI出現了。**AI的進化是日新月異的，前年的技術馬上就相形見絀了。晶片的開發是以年為單位，還需要數百億日元的費用，這樣的風險太高了。**

晶片的敏捷開發

我們認為，晶片使用者所進行的系統設計・驗證也適用於敏捷開發的方法。**將系統分成小單位，用C／C++或是Python來記述後，利用高位合成的工具自動生成RTL，並由下而上地來組成系統。**

如寫軟體程式般，晶片可以使用敏捷開發，所以能大幅縮短配套製造商的開發期間與費用，能減輕開發風險。

高位合成的工具能改變電路性能以及佈局面積，瞬間生成各種RTL。利用這點來探索效能與面積的折衷，設計出最適合的RTL，接著安裝在FPGA上又或是使用ASIC

用的模擬器來進行測試，就能在短時間內重複釋出效能。

在過往的方法中，設計者於深刻理解規格後，就會描繪區塊圖，並且縝密計算各區塊的性能以及信號連接混雜度等後著手進行設計。可是在設計的初期階段，難以估算效能與面積，只能仰賴直覺與經驗。而最重要的是，若系統很複雜，就會變得無法掌控。

在敏捷開發法中，電腦會將分成小單位的功能區塊不斷進行自動設計與驗證，同時釋出。ChatGPT 可以將這作業自動化。

我們也可以利用電腦自動化，由下而上地組合被釋出的功能區塊。若使用高位合成，則可以擁有分散至各功能區塊上的控制構造，所以能連接功能區塊，組成整體的控制。

也就是說，**就像軟體的平行與分散式程式那樣，能製造出組成功能區塊的大規模晶片。**

若是用 C/C++ 或 Python 來記述，與 RTL 記述相比，能將行數縮短至 1/100。因此能大幅縮短設計者花在研究以及模擬上所需的勞力以及時間。

高位記述能利用參數來表現電路構造，所以在能進行更廣泛安裝的同時，也能重新掌握安裝的範圍，也就是功能、性能、介面設定的設定範圍。

再加上，只要一起準備好設計記述以及對偶關係中的驗證模型，不僅容易確認變更範圍，在設計的同時還能有效地完成驗證環境。亦即可以橫跨設計與驗證兩方面進行敏捷開發。

這個方法是用專用的控制電路來連接功能區塊，所以能提高能量轉換效率。將IP連接到CPU匯流排，由CPU來進行中央控制是一直以來的方法，但這方法在面對5G（通訊）、H.265（壓縮動畫）以及WPA2（密碼）這樣複雜的處理時，無法引出高性能。

此外，在過往的方法中，會因為也想再度利用到其他企畫中來設計RTL，所以總是會設計超出必要的高性能電路，但是使用高位合成時，針對每個企畫都會自動生成最適合的性能以及面積的電路。

分治法（Divide and Conquer）

我在柏克萊加州大學CAD課堂上最初學到的，就是分治法（Divide and Conquer）。這個概念是，即便是複雜的問題，只要將之分割成同樣小的問題，一一解決後組合起來，就能導出解決方法。大多數的電腦演算法，都是用這套想法來設計的。

將分割問題、解法、結果組合起來，是使用遞迴法。最後，會大幅縮短計算時間。

例如來比較一下排序演算法的計算量O吧。計算量的O會因應輸入尺寸n的不同而有怎麼樣的變化呢？若是用最單純的泡沫排序這個方法，O會與n^2成比例，與之相對，若是使用分治法的快速排序，O則會與$n\log_2 n$成比例，會大幅地縮短[36]。試舉一例，n為1000的時候，計算量約為$1/100$，也就是計算約快100倍。

AI時代所追求的是快速地反覆試驗。利用AI分析大量數據資料，找出模型，然後盡早安裝那個模型，接著收集並分析數據資料，重複進行改善。像這樣妥善地進行反覆試驗是最重要的。

敏捷式與大規模設計是背道而馳的，在這樣的制約下，我們必須要創造出符合

AI時代的晶片開發法。

不論是關於敏捷開發還是數據資料的收集，我們都從中國那裡學到很多。這麼說來，我想起了來自中國的留學生經常會跟我說：「老師，你準備得太周到了喔。」

3 矽編譯器——像寫程式設計那樣製作晶片

矽編譯器1.0

編譯器就是將原始碼轉換成目的碼的軟體程式。原始碼是用近似於人類語言的高階語言來記述，所以若照實使用，電腦是無法理解的。因此就要使用編譯器，將之轉換成是機器語言的目的碼，亦即執行二進位。

同樣地，將硬體規格轉換為矽晶片的軟體，就稱為矽編譯器。例如將硬體描述語言的Verilog變成在矽晶片上的電路形狀數據GDS-II。

一九七九年時，加州理工學院的大衛·約翰森（Dave Johannsen）發表了一篇論文

〈鬃毛積木：矽編譯器〉（*Bristle blocks: A silicon compiler*，鬃毛積木是一種積木型玩具，呈刷子狀，在任何位置上都能相互結合。外觀看起來很像半導體）。那一年，卡弗・米德（Carver Mead）與琳・康維（Lynn Conway）寫出了 VLSI 設計的教科書《VLSI 系統簡介》（*Introduction to VLSI systems*，我們深受這本教科書的吸引，因而投身入 VLSI 的世界），所以會發想出矽編譯器是非常自然的吧。

約翰森的指導教授是米德[37]。米德在一九八二年時在一篇名為〈矽編譯器與晶圓代工會因使用者的設計而成為 VLSI 的嚮導〉的論文中，預視到了用矽編譯器以及製造專用晶片的時代。

約翰森在一九八一年時與 Edmund Cheng 創立了矽編譯器公司（Silicon Compilers）。只要使用該公司的 GENESIS，就可以在選擇選單的同時，以過往 1／5 左右的短時間內設計出晶片。迪吉多（Digital Equipment Corporation; DEC）就將之用在了開發迷你電腦 MicroVAX 上。

可是，除此之外並沒有獲取很大的成功，最後，該公司被出售了。西雅圖矽科技這間公司也開發了矽編譯器，但是沒有成功。

矽編譯器至今仍未被實用化。為什麼呢？因為即便軟體程式有漏洞，之後也能進行修補，但硬體一定要馬上修正不可。此外，雖然我們認為軟體程式的性能要跟著硬體一起進化，但卻也認為硬體性能應該在完成時就要合乎規格。也就是說，**硬體比軟體程式來得更難（Hard）設計，開發風險較高。**

按一個按鍵就能進行編譯，這在軟體的世界中是很理所當然的，但在硬體世界中卻是夢想中的故事。晶片設計工具的大廠新思科技以及楷登科技（Cadence）也有開發名之為「編譯器」的工具，但那是熟練的技術人員所使用的工具。要能像寫軟體程式那樣製造晶片，仍是極為渺茫的事。

矽編譯器2.0

最近對矽編譯器的期待再度提升。但原因和以前不一樣。

設計是PPA〔性能（Performance）、功耗（Power）與面積（Area）〕的最佳化。以前是面積，也就是以晶片的成本為最優先。不久後是性能，也就是晶片的動作速度變重要了起來，而**現在則是以功耗為最優先**。因為晶片的電力達到了上限，提高的電效率只會引出相應的晶片性能。也就是說，晶片的性能是由電效率來決定的。

與能做到任何事的通用晶片相比，消除掉無謂電路的專用晶片能大幅提高電效率。可是專用晶片的生產量與通用晶片相比是非常少的，所以開發費用在晶片成本中是一大支出。

晶片的設計技術追不上摩爾定律，但開發費用近年卻急速增加。似乎有高達一百億日圓的趨勢。假設開發費是一百億日圓，製造費是一枚晶片一千日圓，若要製造一千萬個晶片，有一半的成本都會花在開發費上。也就是說，若能將開發費降至1／10，即便晶片面積變成1．5倍，也能將成本降低25％。

以前的開發費非常少，所以以面積為最優先，但現在開發費大為增加了，就改要求減少面積。此外，不僅是費用，在技術變化快速的現代，縮短開發時間也能降低風險，所以很是必要。

圖 5-2　使用矽編譯器，如寫軟體程式那樣製作專用晶片

（出處）筆者製作

雖然性能與面積多少有些不盡如人意，但若能用編譯器以低成本‧短時間的方式開發出可以大幅消減功耗的ASIC，就能獲得利益。而只要增加晶片的開發，利用多專案晶圓服務（MPW: Multi-Project Wafer），就有可能將十億日圓的光罩費用壓低至一千萬日圓。

而且只要結合高位合成就能用C來記述晶片。晶片設計者的群體就會像軟體程式設計者那樣擴大。只要在硬體世界中將開源的業務扎根，商業系統的網路就

會多層地擴大、發展，就有可能集體協作吧。這麼一來，就能宛如寫軟體程式那樣製作晶片了。

d.lab 是利用高位合成從 C 合成 Verilog，利用 3D-FPGA 進行設計、驗證系統後，從 Verilog 編譯 GDS-II 並研究開發出開發 ASIC 的設計平台。

我們的目標是矽技術的民主化。系統開發者是以能馬上製造出 ASIC 為目標。因此，利用矽編譯器可以提高十倍開發效率，目標就是以如同寫軟體程式般製造晶片（圖 5-2）。

文藝復興

一九八六年，我在東芝探尋與矽編譯器公司的合作。我在這工作中遇見了湯姆・霍。之後，這個人成了我獨一無二的好朋友。

湯姆從澳門移居到加州，畢業於柏克萊加州大學。他在英特爾擔任 80286（CPU 的名稱）的設計主任後，受到愛德蒙的邀請，進入到矽編譯器公司。我們相遇的時候，他是三十一歲，而我是二十七歲。

在聖荷西的汽車旅館中，我們在筆記本上描繪著電路圖，忘了時間的討論著電路。湯姆告訴我，對 SRAM 的感測放大器來說，縮短輸入、輸出的逆變器是最好的。我在之後的一九九一年發表了 ABC（自動偏置控制器）電路，那就是以當時的討論為契機，最終結成了創意的果實。

我問湯姆他是在哪裡學的電路？他回答說是在柏克萊加州大學課堂上從卡羅・賽金（Carlo Séquin）那裡學來的。因此我一說想去柏克萊時他就帶著 GENESIS 厚厚的手冊，花上單程一個半小時的時間，帶著我去柏克萊。

一九八九年時，我去到柏克萊加州大學留學。我當時的寄宿家庭就是與大衛・帕特森（David Patterson）一起開發出 RISC-I 的卡羅・賽金(38)。柏克萊加州大學在一九七〇年代時，有唐納德・佩德森（Donald Pederson）開發出了電路模擬 SPICE，八〇年代時則有理查德・牛頓（Richard Newton）、阿爾貝托・聖喬瓦尼・溫琴泰利（Alberto Luigi Sangiovanni-Vincentelli）、羅伯特・佈雷頓（Robert Brayton）引領出佈線以及邏輯合成的研究。新思科技、楷登電子等公司也陸續誕生，實在是熱鬧非凡的時代。從二〇〇〇年左右起，EDA的市場就漸漸的趨於飽和狀態，技術的進步也放慢了下來。

最近，經常會聽到柏克萊校的學生用Chisel來寫RISC-V，每個月都會重複下線（Tape-out，指送交製程）。**我覺得那很有EDA文藝復興的味道。**湯姆，我們要不要再來做一次矽編譯器呢！

4 半導體的民主化——敏捷X

敏捷X

繼電子學之後的技術是什麼呢？是自旋電子學還是光子學？還是……。

文部科學省的事業「次世代X-nics半導體創成據點形成事業」以針對創造出節能・高效能半導體的新切入點（「X」）的研究開發，以及培養引領將來半導體產業人才為目標，現正公開招募中。

我們帶著以下的提案去報名參加。

無論下一代的技術是什麼，那都應該要活用半導體技術並迅速地進行社會實裝。也就是說，迅速才是新的切入點「X」。

這個提案獲得了採用，「Agile-X ～創新半導體技術的民主化據點」事業於二〇二〇年在東京大學開始動了起來。

專用晶片的問題在於開發效率上。即便在設計中投入一百人，有時也要花上一年的時間。而且製造要花四個月。同時還需要超過五十億日圓的開發費用。開發期間與費用都會與集積度一同直線上升。

結果，在日本能開發專用晶片的企業開始年年減少並空洞化。即便在日本建設半導體的新工廠，若只有國外的企業會利用，就無法直接對日本的數位產業做出貢獻。所以我們應該要強化設計力。

話說回來，要花上一年半的時間來進行開發這件事本身，就沒有和數位時代的成長戰略一同做整合。

像是艾倫・凱（Alan Kay）以及史蒂夫・賈伯斯等許多的領導者在之前就指出了高

度融合硬體與軟體的重要性。

可是，軟體明明在進行升級，硬體卻無法迅速更新，兩者極度無法高度融合。

「沒辦法想出能像軟體那樣更新的晶片嗎？」

曾有大型電機製造商的經營者一臉嚴肅地這麼跟我說。

也就是說，**他們希望能像寫軟體程式那樣來設計晶片，像編譯軟體程式那樣來試作晶片**。而敏捷X就是以實現這個夢想為目標。

若能開發出平台來將晶片開發的期間縮短到1／10、將費用縮減至1／10，能設計專用晶片的人數將會增加十倍，晶片就一定會走向民主化。

可是我們真能做成這件事嗎？

我們須要轉換發想。產業界的技術體系曾是以同規格大量生產為目的。雖然無法製造出更為優秀的東西，但會製造出不一樣的東西來。亦即，我們需要的新技術體系，是以多品種少量生產為目標的。

首先，設計要透過電腦來進行全自動化。「No human in the loop」，亦即在設計的迴圈中，不讓人參與。

當然，這性能是比不上專業設計人員花時間設計出來的性能。

但是，八十分主義就好。

比起花時間完成到滿分一百分，將設計時間縮短至1／10更為重要。在數位時代中，時間就是金錢。比起性價比，時間效能更重要。為此所需的高階合成技術，日本可說是略勝一籌的。

其次，透過半客製化來盡快進行試作。

這有點像是用簡易訂製來取代完全訂製衣服那樣。具體來說，連電晶體都事前做好，利用佈線來做成專用電路。

若是通用的，在晶片數為一百個時，就可以用一枚晶圓的1／10價格，亦即約數十萬日圓購買最尖端的電晶體。

而若只有配線，應該在一個月內就能製造出來吧。在一九九〇年代時，在一個星期內就開發出了閘陣列（gate array）。與當時相比，佈線層數雖大幅增加了，但卻能在一個月內製造出來。

此外，也想追求不用製造高價的光罩，而能在晶圓上直接描繪出圖案的技術。製造的流通量雖降低了，但若是少量生產，反而更具經濟性。

而且也可以使用小晶片（Chiplet）將設計資產再利用。只要累積這些事，要僅用1╱10時間與花費來開發出晶片就不是在做夢。最終，開發專用晶片的人數就會增加十倍。

現在，軟體程式人才是半導體人才的十倍以上。他們使用通用晶片在開發系統，所以電力消費大，且無法提供很好的服務。

若透過敏捷X能以1╱10的時間與費用開發出專用晶片，軟體程式人才與半導體人才就能一起協作，既能融合硬體與軟體，又能以高速循環來重複開發與改良。這就是敏捷X所期許的，十年後成長的模樣。

對科學的發展做出貢獻

若將敏捷X用在教育上，從系統到電路．元件，換言之，從開始製造半導體到結束，學習可以貫徹到底。在幾個星期內就能體驗到設計與試作，在四學期制的課堂上，也可以用作專題研究討論。

若是將製造裝置連接到網路上，讓全國都能操作無塵室，就能透過元宇宙體驗到元件的製造。

現在正在開發這樣的教育系統。希望在二〇二四年度時，全國都能使用到。

試著想一下，研究人員置身於激烈的時間競爭中。即便只是晚了對手一天，該位研究人員都不會獲得好評。另一方面，研究人員要去解析大量的數據資料，從中找出真理。

若在研究中使用敏捷式X，就能盡早解析數據資料、探究真理，又或者是能實際驗證想法，進行社會實裝。亦即能對科學的發展做出貢獻。

大衛・肖（David Shaw）是位科學家，他的目標是自行開發出超級電腦以進行藥物開發。

他在一九八〇年時於史丹佛大學獲得博士稱號，在哥倫比亞大學教授計算機科學。一九八八年時創設德劭（D. E. Shaw & Co.），通過利用電腦資源的高度數學方法來運用資產，將該社培育成世界最大的對沖基金。

之後，他因為罹癌，於是對蛋白質的分子動力學有了興趣，在二〇〇一年時，設立了D. E. Shaw研究社。將生物學、化學、物理學、數學、計算機科學、工學的研究人員們聚集在紐約的高層大樓中。

蛋白質會因為胺機酸的鏈的不同折疊方式，性質有很大的變化，而且與藥物的反應也會發生改變。為了解析這個立體構造，就要對一個原子進行一萬次的運算，如果以一百萬個原子為對象，以飛秒的時間間隔反覆進行毫秒之間的運算，則需要10的22次方運算，是很龐大的計算量。

因此，在二〇〇九年時，開發出了用512節點構成的、分子動力學專用的超級電腦。在二〇一四年時，新開發出專用晶片，將運算效能提升到五倍的每秒12．7兆（10的12次方）。利用這個超級電腦，512節點就能進行每秒6．5拍（10的15次方）的運算。10的22次方的運算時間可以縮短至20天內，可以用很實際的處理時間來解決實用規模的問題。

只要用動畫來看一下模擬的結果，就可以看到蛋白質變得柔軟，很少有激烈的動作。當蛋白質的大規模搖晃再度出現，便令人瞠目結舌。

相反地，科學的進步也會加速晶片的進化。

MIT的分子神經生物學家與我們正在進行共同研究。這個領域在近年來的發展也有令人吃驚之處。

現在廣泛使用的神經網路，其實是七十年前的老舊模型。若是將之置換為最尖端的模型，將可以將ＡＩ處理的消耗電力，減低到現在的一億分之一。

雖省略了詳細的說明，但重點是有約十種的非線性函數用在突觸上。非線性函數可以透過參考存儲在記憶體中的表（尋找表），在電路上實現。

在安裝這個最新的模型時，需要以最尖端方式製造出來的約10枚晶片。也就是說，向最尖端的分子神經生物學學習的神經網路，能將ＡＩ處理所必須的電力減低到一億分之一，並創造出最尖端半導體的需求。

就像這樣，科學與半導體在進化上是相應對的，也就是說，今後將會共進化。

SPICE 存在於大腦中

以前是專用晶片的時代。從一九八〇年代一直到九〇年代。

我從大學畢業，進入東芝公司後，日復一日地都在做著電路模擬。當時的電腦是 IBM 的大型電腦 S/370。讀卡機發出吧嗒吧嗒的聲音讀取打了孔的一束束打孔卡，最終，歷經了數小時的沉默後，列表機突然就吐出了大量的紙。拉出這些紙並用色鉛筆描摹出記號後，就出現了電路的動作波形。

電路模擬是柏克萊加州大學唐納德・佩德森（Donald Pederson）教授開發的 SPIUE（IC 重視型模擬軟體）。

只要用熟了道具，使用起來就會很順暢而且輕鬆。

SPICE 最終棲息在了我的腦中，給了我一種能力，就是在利用電腦運算前，只要看到電路圖，就能預見其運作。亦即，SPICE 是我很重要的家庭教師。

SPICE 的手冊對我而言就是聖經。我站在封面上描繪的薩瑟塔（Sather Tower）*前時，實是非常感激。

＊薩瑟塔，柏克萊加州大學校園內的一座鐘樓，是該校最顯著的標誌。

我是在一九八八年去到柏克萊留學的。當時，柏克萊完全就是半導體國際菁英巡迴的十字路口。在專用晶片的時代中，柏克萊發揮了吸引力，吸引來世界的菁英。設計工具的大型公司新思科技以及楷登電子就誕生於當時的柏克萊。此外，可以說是 iPad 原型的系統也是在被蘋果製作成成品的十五年前，在柏克萊經實際驗證、檢測的。

如今，我們再度迎來了專用晶片的時代。期望日本的大學能成為國際菁英巡迴的十字路口。

再畫蛇添足一句，以前我曾自己播放著 SPICE，即便是在飛機上，也是透過 PC 版的 SPICE 來享受電路模擬，但最終還是交給了學生去做，自己不做了，即便是在飛機上，也是喝著紅酒、看著電影，SPICE 已經從我的腦中澈底除去了。真是令人懊悔不已。

【專欄】國際菁英巡迴

薩拉托加（Saratoga）是與矽谷比鄰的高級住宅區。大衛、阿明、薩哈爾還有TT深坐進游泳旁的沙發中。他們四人都是我在柏克萊大學的學生。

畢業後已過了時五年。大衛是來自中國的留學生。畢業後在矽谷活躍著，如今做為投資家，架起了美中間的橋樑。是這個家的主人。

阿明與薩哈爾是來自伊朗的留學生。阿明現在是史丹佛大學的副教授。他和曾是同學的薩哈爾結了婚，居住在舊金山的商業區中。

TT是來自臺灣的留學生。他現在是國立臺灣大學的副教授。因為學術休假而來到柏克萊。

柏克萊加州大學計算機科學學系的兩位教授分別向大學捐贈了二五〇〇萬美元（約三十億日圓），這件事引起了大家熱烈的討論。據說他們創辦了雲端運算（cloud computing）進化後的天空運算（Sky computing），並獲得了大成功。

而這啟動了阿明在矽谷的創業。他們說明了最近增加了不IPO（股票上市）資金籌措的原因。最終話題變成了世界經濟，他們在談論自己母國以及伊朗的政治經濟和歷史上越聊越起勁。

而大衛和我則稍微談論起了探索歷史的話題。

◇◇◇◇◇◇◇◇

大衛的朋友朱麗中收藏有日本的書畫。大衛在前年春天曾來找我討論過那些書畫的解說。我去找了東京大學附屬圖書館館長坂井修一教授討論，透過同大學史料編纂所的特別安排，他們幫我進行了翻譯與相關調查。

隔年二〇二二年的春天，大衛來到日本。我們在天婦羅店回顧這件事時，談話朝向意想不到的方向展開，甚至談到了 TSMC 創始人張忠謀。

其實朱麗中的母親是日本足利家的直系子孫，高祖父是水戶藩主——德川齊昭。她所持有的書畫來自於德川家。而朱麗中在留學的柏克萊加州大學和吳錫九這位科學家結了婚。

吳錫九師事於被毛澤東稱為火箭王的錢學森，因此去到了中國，但其實錢學森的妻子是朱麗中的親戚。吳錫九在中國科學院成功地將雙極性電晶體國產化，對實現中國首次國產電腦做出了很大的貢獻。可是中國因吹起了文化大革命的風暴，他與朱麗中便因此而回到了矽谷。

而這位吳錫九在中國正是張忠謀的國中同學。

另一方面，大衛的柏克萊學長徐塔麟則受到臺灣政府的邀請，幫忙聘請張忠謀去臺灣……。

大衛與朱麗中的交情，跨越了國界，沿著複雜的路徑，與張忠謀連上了關係。

歷史的線條紡織出了複雜的模樣。在國際社會上培育出的大腦巡迴網中，有著萬有引力的作用。這次是半導體以及柏克萊，以及最重要的友情。

◇◇◇◇◇◇◇◇

那年夏天的早上八點——。我造訪了眾議院第二議員會館。我被邀請去擔任自民黨代議員讀書會的講師。底下坐著幾位有過大臣經歷的人。因此我以「國際大腦巡迴——半導體蝴蝶效應」為題，講了這個故事。

另外還講了國際會議 VLSI 座談會設立的內情。那是在一九八〇年初，日美半導體糾紛加劇的時候。

半導體是最尖端的科學技術。在研究人員間，對於業績，既有尊敬，也有植基於此的友情。東京大學教授田中昭二認為，透過研究人員的群體來架起與美國間的橋樑是很重要的。因此，他去找了美國半導體社群中心的 RCA 研究所華特・寇托紐克（Walter Kowtoniuk）博士詳談。

華特在一九四四年從烏克蘭的基輔逃出，移居至美國，苦學後，成了代表美國的半導體研究人員。

之後在一九八一年，舉辦了第一次會議。而摘要上是這樣寫著的。

「美國與日本是 VLSI 技術開發的兩大據點。開發的目的在於實現大集積的高速元件，並以低成本實現高品質的資訊處理。我們相信 VLSI 技術將引起資訊創新、提高生產性、一改教育與溝通的概念、在根本上改變工作與閒暇的生活形式，影響在工業社會中人們的生活方式。這個學術研討會的目的在於，將 VLSI 科技相關的科學家與技術人員進行合作的精神共聚一堂，報告成果，並討論將來的方向性。」

這完全就是在現代也行得通的真理。

之後，日本雖因日美半導體糾紛而疲弊，使得半導體產業凋落，但現在在日本仍留有許多在美國或世界上有頭有臉的研究人員。日本之所以能留下這些國際菁英，都是因為設立並經營著這個 VLSI 學術研討會，是託了前人智慧之福。

我第一次參加的 VLSI 學術研討會是在一九八八年聖地牙哥所舉辦的。是我年輕時候的二十八歲。在聚集了超過五百人的宴會上，我的上司指著處於人群中心的某人跟我說：「他就是華特・寇托紐克。是美國的主心骨。去跟他打招呼吧。」

其實在那個會場上還有一個人和我一樣，是第一次參加 VLSI 學術研討會的年輕人。那就是華特的兒子史帝夫・寇托紐克（Steve Kowtoniuk）。

他和我現在都擔任著 VLSI 學術研討會的委員長。

最後我告訴了議員們以下的訊息。

「製造出電腦原理的是英國的數學家艾倫・圖靈（Alan Turing），他說：『有時候，誰都想不到的人，方能成就常人無法想像的偉業』。**蝴蝶效應就發生在國際大腦的巡迴中。**

創新是從集體的大腦中所產生出來的。因此除了 More Moore 和 More than Moore 等奈米科技，More People，亦即半導體的民主化是很重要的。

而重要的就是培養出許多能成為核心的高級人才，並使之與國際大腦巡迴網連接起來。大學就是成為這交叉點的孵化器。

研究這件事不知道會研究出來什麼，所以要有做好打多發無用彈的覺悟。可是，國際共同研究能給予我們一個絕佳的機會，讓我們與國際大腦巡迴網連接起來。

最後，我想做為今早談話結尾的是，人才正是日本的資本，是實現新資本主義所不可或缺的。」

VI

超進化論 Epilogue

1 巨大集積——There's plenty of room at the TOP

一九五九年十二月二十九日，在加州理工學院——。

在美國物理學會的年會上，物理學家理察·費曼（Richard Feynman）說了如下的話：

「There's plenty of room at the bottom.」

也就是說，在微小的世界中，尚有許多饒有深趣的東西。

以費曼的這句話為契機，世界開始探究起細微的元件。

最終誕生出微電子學，並發展成納電子學。

在半導體微細化接近極限時，將之更推進一步的是 More Moore。日本自長年的休眠中醒來，一口氣就挑戰 2nm 細的細微世界。

另一方面，More than Moor 的目標則是開創出嶄新價值以取代細微化。這樣的研究開發也正在加速進行中。在一片繁花盛開中，位列第一的就是 3D 集積技術。我們已經進入了將多樣元件3D集積成一個封裝的時代了。

我把費曼的話記在心裡，並提出如下的主張。

「There's plenty of room at the TOP.」

亦即，「bottom」是在探究奈（10的負9次方）的微小尺寸，與之相對，「TOP」則是在探究吉咖（10的9次方＝10億），甚至是兆（10的12次方＝1兆）的巨大集積(39)。

要實現集成一千億電晶體的晶片已經不遠了。英特爾CEO派屈克・格爾辛格（Patrick Gelsinger）預言，在二〇三〇年前，能在一個封裝中集積成一兆個電晶體。兆集積的時代就在眼前。

在以前的一九八〇年代，人們會將集積一萬個電晶體的晶片用於電視機以及錄影機上。到了二〇〇〇年，是將一千萬個電晶體集積成的晶片用在PC上。而現代則是將集積了一百億個電晶體的晶片使用在智慧型手機上。

究竟一兆個電晶體會產生出什麼東西來呢？

接下來，半導體將會透過物理空間與虛擬空間的高度融合而創生出價值。半導體的舞台會更形擴大，半導體產業將以達到名目GDP0．6％為目標。預測在二〇三〇年時，全球市場會有一百兆日圓。

具體來說，融合物理空間與虛擬空間的半導體產品。可以用在什麼東西上呢？例如可以用在自動駕駛上。

首先會是在工廠內等限定的場所開始使用吧。其次是運輸車輛排成長隊，以無人駕駛的方式跑在高速公路上吧。在人口稀少的地區，高齡人士不方便開車時也可以做為他們安全移動的方法。

在排著長隊進停車場時，可以切換成全自動駕駛，人就可以先下車。這樣可以解決停車場四周的混亂。

即便是一般道路，從輔助駕駛轉為自動駕駛的階段也逐步高度技術化。這麼一來，就能解決都會的交通堵塞。只要在開車上有20％的餘裕，似乎根本就不會發生塞車。車輛能與街道一同合作，打造出這樣的餘裕來。

此外，機器人學也能打造出一大市場吧。

會出現各式各樣的機器人吧，從支援打掃或是照護的機器人到進行料理或對話的機器人。

而且利用感測技術就可以透過從都市各處自動收集資訊的智慧城市，或是數據驅動工廠而打造智慧工廠等減少人手、形成智慧功能。

半導體是關於這些一切的決定性重要核心。

日本比全世界更早迎來少子高齡化，根本就是課題先進國。

人口急速增加時，糧食不足是問題，而人口急遽減少時，人手不足就是問題。不論是哪一種問題，半導體都能有助解決，但尤其是人手不足的問題，很多時候都能利用半導體將ＡＩ進行社會實裝來解決。

這是依創意而定，也就是要求要創新。

創新是因許多大腦相互交集而發芽的，有更多的人參加就能開創出創新，所以 More People 是很重要的。

與三十年前的電視機與錄影機時代相比，半導體的集積度現在是一百萬倍。

以前的半導體產業如同是在製造標準住宅的競爭，有多家的廠商在競爭販賣同一規格的住宅，購買的重點則是看哪一個比較便宜。

接下來的半導體不是製造統一規格的住宅，而是要進行城市建設。要打造出怎樣的城市則是各有不同。

而城市建設單靠一間公司或一個業種是怎樣都辦不到的。例如自動駕駛的情況，就需要各式各樣業種的合作，像是汽車廠商、電子設備廠商、通訊業者、資料中心、公共服務、社會基礎建設、保險、廣告等。

半導體從建造家屋進化到了城市建設。

2 豐富的森林——生態系的力量

觀點似乎從半導體的使用者回到了製造者身上。日本在半導體的製造裝置以及材料上很強。

半導體製造裝置是由超過十萬個零件所組成的。一輛汽車的零件數約有三萬個，是非常大規模且複雜的。

而且每筆訂單的規格都不一樣。也就是說，超過十萬個的零件清單也是每一輛車都不一樣。少數人作業的團隊是採取從組裝成品到檢查都個別生產的方式。是高級的多品種少量生產。

除此之外，向半導體製造裝置廠商提供零件的業者有各種各樣。而且也有向該業者提供定制零件的業者，還有提供製作該零件材料的業者。也就是說，形成了擁有幾層階段和各種廣泛行業的巨大網路。

來更具體的看一下吧。半導體製造裝置，會進行各種加工，包括運送晶圓、使其回轉、澆上液體、吹去氣體等。既有在大氣中進行的處理工序，也有在真空中進行的處理工序。為此，在裝置內就會橫豎交錯地遍布有液體、氣體的配管，以及電力、控制的配線。此外，也要有回收處理完液體、氣體的下水功能。我們的家，也是從外部供給來水、瓦斯、電力，透過各種機器沖走消耗過的汙水等。半導體製造裝置可以說就是將家的功能給微細化到了極致。

而供給給裝置的電力、液體、氣體雖是由供應商用戶的工廠所供給，但這個供給型態會因每位使用者不同而有異。為了能應對這樣的情況，就要配合使用者的狀況，不僅是廠商的商品製造，連上游的設計也會不一樣。

就像上述那樣，為了能配合使用者的狀況製造出複雜的系統，廠商要經常與使用者交流、進行磨合，同時互相支援、持續挑戰，才能有所進化。

這簡直就像是森林的生態系一樣。

使用在半導體上的材料也是一樣的。

半導體材料會依不同的製造裝置而特性各異，所以須要做細節上的調配。也就是說，半導體材料也是高級的多品種少量生產，可以說是特別訂製品。

例如製造半導體材料時，有時溫度會是重要的關鍵。製造溫度愈高，化學反應就會愈快，能在短時間內製造完成。但製造溫度愈高，材料構造就會四散，成品率就不好。

製造商會將建議的工程條件提出給用戶，以使材料能體現出備受期待的性能。但是，使用者很少會採用相同條件的，很多時候都會發生失誤。但接下來才是決勝點，製造商要將既有的數據資料庫作為根本，配合使用者在短期間內將工程條件調整成最恰當的。

此外，材料產業中也形成了深遠而廣大的網路。在化學工廠有各類業者出入，包括材料、機械、電力等，而支援這些業者的網路也在其下形成了好幾層。

只要舉這點為例就會知道，半導體須要封裝，而封裝時所需的熱膨脹少的強化纖維、電路板、封止材料等特殊材料，都是由電子材料製造場所提供的。其他還有像是表面處理劑、反應促進劑、抗氧化劑等，對電子材料用的材料來說都須要特殊加工，因此材料製造商會將之與一般等級的區分開來，特別製造、販售電子材料等級的材料。

我曾從材料製造商那裡聽過，他們雖有商討要將在日本的產業生態系統移到國外去打造，但最終還是放棄了。因為要將支援材料製造商的中小企業網路澈底移到國外去是非常困難的。

我們的目光很容易被大樹所吸引。媒體都很關注大企業的盛衰。

可是支持大企業的肥沃土壤，也就是產業的生態系網路力量才是產業力。之所以會說日本在半導體製造裝置與材料上很強，原因就在這裡。

TSMC 不在未開發之地建設工廠。而熊本正有這條件。

日本的產業生態系很豐富。即便如大樹般的元件製造商倒下了，只要有肥沃的土壤，森林就能再生。反過來說，即便是在貧瘠的土地上植樹造林，也不會產生出森林。

即便能移走如大樹般的大企業，也很難移走支持著大樹的土壤本身。我們不可以見樹不見林。

我這麼想著的時候，在電視上看到了《NHK特集超・進化論》（NHKスペシャル超・進化論，二〇〇二年十一月六日播放）。

然後我一下子就能理解了。

3 超進化論——培育多樣性的機制

對生存有利的才會存活下來，留下子孫。歸根結底，這是個競爭的世界。弱者無法活下來。

自達爾文對自然界的規則提出了進化論起，已經一百六十多年過去了。最先進的科學正試圖闡明生物們隱藏著的進化機制。

那就是，不光是競爭還有互相支援、通力合作的規則。

植物鮮活又水潤地覆蓋著地球。陸地生物總重量（470十億噸）的95・5%就是植物。植物具有壓倒性的分量，而它們曾有過一個大轉機，可以完成令人驚訝的進化。

五億年前，地球的陸地是不毛之地。四億五千萬年前，植物的祖先從大海來到了陸地。登上陸地的這些最前線植物，約在四億年前覆蓋了大陸。可是當時的植物還沒有某種東西。

我們再來談談第Ⅰ章中提出的問題吧。

在恐龍所處的白堊紀（一億四千五百萬年前～六千六百萬年前），某種東西誕生了，而且引起了一場大革命，讓地球澈底改變。陸地生物的種類數量戲劇性地增加了。

人們認為，白堊紀之前的物種數量是現在的約1／10。但是，以白堊紀為界限，生物的種類有了爆炸性的增加。

引起大革命的那個植物的某種東西到底是什麼……？

那就是花。

花會使用花粉，能主動吸引昆蟲前來。而花在給予昆蟲花粉後，取而代之的是，昆蟲會幫忙搬運花粉。**也就是說，兩者間建立起了「共生」的關係。**

此前，植物自登陸以來的三億五千萬年間都是持續單方面被昆蟲吃。但是因為出現了花，於是出現了大轉換，可以反過來利用會造成傷害的昆蟲。

以此為契機，生物們的進化也瞬間加速了。

若有某種植物以特殊的型態進行進化，昆蟲也會改變型態來配合。而且某些植物會為了不要讓昆蟲去到其他地方，而用鮮豔的顏色來相互競爭。而昆蟲也獲得了能確實飛抵花上的飛翔能力。

植物與昆蟲間產生了「共進化」這種進化呼應，相互讓彼此進化了。

如此一來，森林就變豐富了，吃著採集花卉的昆蟲的哺乳類多樣化了起來，而靈長類也因為由花所結成的果實而進化。

在此，我的想像拓展了開來。

最終，花卉學會了新能力。

就是提升了世代交替的速度。從授粉到受精所需的時間從一年縮短到了幾小時。

這就讓所有生物的進化都加速了。

$y = a(1+r)^n$。

這是複利計算的公式。r是利率，n是運用次數。

本金的a即便很小，只要長期運用，將來的價值就會變大。

若是用1／t置換掉n，就會成為數位經濟的基本公式。t是開發的週期時間。

這個式子也適用於提升晶片性能以及公司的成長。

換言之，透過利用高速週期來多次重複改良，就是數位經濟的成長戰略。比起改善率（r），增大改善次數（n），亦即縮短開發的週期時間（t）很是重要。

因此才要敏捷。

回到正題。

吃那些花朵或聚集在花上昆蟲的哺乳類變多樣化了。而且由花所形成的營養豐富的果實也加速了我們的祖先——靈長類的進化。

若沒有花，或許就不會有現今多彩又生氣洋溢的地球了。

植物花費數億年所建構起來的另一個世界則是森林的地下。

植物的根尖上有一種細絲狀菌，被稱為菌絲。菌絲不僅會在根的四周，甚至會深入根的內部與之一體化，並在土中遍布得密密麻麻。森林中的植物就和這些菌連接在一起生活。

植物會從根部獲得氮、磷等營養。可是，根的能力並不足夠。大部分的營養都是菌從土壤中吸收並送給植物的。

相對的，植物會把透過行光合作用獲得的養分分送給菌，形成了無法切割開來的關係的。

菌最少會成長到數十公尺，透過菌與菌的相連結，森林中的樹木也相連結了起來。這個在地下連接著樹木的菌系巨大網路有著驚人的作用。

也就是說，只要將光合作用製造出來的養分搬到根部，透過菌絲就可以搬運到其他樹木的根部。這麼一來，就能把養分搬運到沒有受到日照的其他樹木那裡。

菌絲的網路會將健康樹木的養分送至無法行光合作用，如今看似死了的樹木那裡，起著幫助的作用。完全就是扶助弱小的網路。

在大樹底下無法照射到太陽的小樹要如何成長呢？

在巨木森林中新生的小樹，得就這樣在陰暗的樹蔭下忍耐幾十年、幾百年的時間。可是在這期間，幼小的樹木可以透過地下的網路獲得生存所必須的養分。如此一來，在陰暗的森林樹蔭下，柔弱幼小的生命就能一點一滴地長大。

而且即便是常綠樹與落葉樹之間，也會雙方互換養分。夏天時，活躍地進行光合作用的落葉樹會把養分分給附近的常綠樹。到了秋天，則是換成常綠樹將養分送給掉了葉子的落葉樹。這就像是彼此支援著度過嚴酷的季節般相互分享養分。

一般認為，植物會與鄰近的植物相互比賽，爭奪光與養分，也就是會競爭。但是實際上並非如此。它們反而會透過網路，構築起堅強的合作關係，以打造出安定的生態系。

在森林地下廣布著相互支援的世界，正是覆蓋著地球的陸地王者——植物小心守護著的生活方式。

比起競爭，相互合作比較能活命。如今這個地球上正滿是這樣的生物。

日本的半導體產業一直致力於培育森林，而這樣的做法備受全球好評。加上競爭，誕生出了共生與共進化的產業界生態系。在日本的文化與社會中所醞釀出來的生態系，於國際合作中似乎正在恢復生機。

熊本縣招攬來了 TSMC 的新工廠。隨之而來的是開始伴隨有各式各樣的投資。日本材料與製造裝備的生態系支援著 TSMC 的製造。因著大樹的出現，地下的網路也復甦了活力。

而且在日美合作中，誕生出了 Rapidus。為了探究微細世界而去探索新材料與研究開發製造裝置等也變得活躍起來。

美國與臺灣很擅長於組裝軟體模組並建構出大規模的系統。另一方面，日本則擅長進行細緻的磨合、謹慎應對顧客的多樣化要求。透過國際合作，就能發揮兩者的強項。日本對世界做出貢獻，與世界一同進化，開啟了新的時代。

關鍵就在國際合作、國際大腦巡迴、網路、共生、共進化。

現在是將多樣元件 3D 集積到一個封裝中的時代。我們會在封裝中打造出怎樣的森林來呢？

4 發芽——前往下一個世代

二〇二二年十二月十九日早上，澀谷——。

複雜的地下通道如螞蟻巢穴般。我跟著指標前進後，抵達了目標的高層大樓。會議室在二十三樓。透過窗戶可以俯瞰澀谷的街道。我在學生時代就非常熟悉的街道，如今完全變了一個樣。

Google與東大d.lab共同舉辦了「第二屆動手設計半導體電路研討會」（半導体回路設計ハンズオンセミナー），聚集有五十五名學生。

我試著問了研究天文物理學的一年級博士生來參加的原因，他說：

「因為我正在使用超級電腦來處理龐大的數據資料，而且也需要更多高效能的計算資源。」

也有好幾名駒場校園教養學科的二年級生來參加。我試著問了其中一名女性，結果她回答：

「去了本鄉的校區後想學習量子電腦，而在這之前想要了解古典電腦，所以就來參加了。」

也有醫學系研究科的學生、經濟學系的學生以及學際情報學府的學生申請參加。若是以往的課程，首先是學電子電路、學習半導體元件以及積體電路，之後在大學四年級或研究所一年級時練習晶片設計。

可是，今日聚集在此的學生們，並沒有這些先備知識。他們帶來的，就是一顆強烈的好奇心。若要使用ＰＣ寫程式，所有人都能參加研討會。而若是有興趣，再去學習電子電路以及積體電路就好。

讓我們來企畫高等專門學校以及高中的學生們也能參加的活動吧。來開辦競賽、全國大會吧。用創意發想來一決勝負。讓半導體成為所有人都能使用的工具吧。

參加者們排著隊注視著晶片，目光中充滿了好奇心。我心中不斷湧現出自信。

能讓半導體進化的「花」是什麼呢？

找尋那花的旅程開始了——

【專欄】imec強大的祕密

imec是研究半導體相關的獨立國際機關。若擔任水平整合製造領跑員的是TSMC，imec就是研究的領跑員。

imec的總部設在比利時的魯汶（Leuven），從超過九十個國家以及地區雇用來五千名研究員。

imec不是大學，所以無法授予學位。儘管如此，其仍舊擁有八百名博士課程學生的原因就在於提供了世界最尖端的試作產線，以及測試設備。再加上imec還會負擔生活費、居住費、醫療保險、單程旅費。

在imec中經過試作・評估的技術會附上品質保證書推廣到全世界。因此有多達五百間企業支付鉅額的共同研究費，將第一線的研究人員送進imec中。

imec的總收入為四・二億歐元（約六百億日圓）。其中80%的收入都是來自國外企業。參與企畫的企業雖是資助者，但卻不能參與imec的經營管理。imec的幹部會巡迴各家公司，聽取需求，靈活、快速地應對。

也就是說，imec具備了優秀的研究生態系，吸引來全球菁英，也從企業那裡募集投資。他們保持中立地靈活應對顧客要求，同時，由全球人才組成的菁英集團則會快速解決問題。如此一來，投資就更集中，能再度投資到人與設備上，這樣就產生出了成長的循環。

這就是透過「共生」與「共進化」而引發創新的「研究森林」。

imec 的強大到底是從何而來的呢？要知道這點就必須要了解比利時。

比利時是位處歐洲交叉路口上的小國。

不斷承受到來自德國、法國、西班牙、奧地利、荷蘭等大國的支配與壓力。而比利時自己的社會也被一分為二——說荷蘭話的法蘭德斯（Flanders）地區以及法語圈的瓦隆大區（Wallonia）。

因此比利時期望中立，但有時也會老奸巨猾地不惜對鄰國擺出恭順的模樣。EU（歐盟）的本部之所以會設在布魯塞爾，也是因為其中庸的精神吧。

比利時的學術中心是魯汶天主教大學（Katholieke Universiteit Leuven, KUL）。該校設立於一四二五年，在現存的天主教系大學中，據說是全世界最古老的。

在該大學學習微電子學的羅歐·範奧弗斯特拉滕（Roger van Overstraeten），在取得史丹佛大學博士學位後不久，於一九六八年成為 KUL 的教授，隔年就建造了比利時第一間的無塵室。

在大學裡只能擁有小型的無塵室。要建造大間的無塵室就只能與大學共同利用。他是這麼想的。

一九八二年時，法蘭德斯政府制訂了一個全面的計畫以加強微電子學產業，並以此為基礎，於一九八四年設立了非營利組織 imec（Interuniversity Micro-electronics Centre）。而第一任所長就是由範奧弗斯特拉滕教授擔任。

imec 的設立宗旨書上寫著：「關於微電子學、奈米科技、情報通訊系統的設計方法以及設計技術，我們要進行比產業界所需的時間，提前三年到十年的研究開發。」

如此一來，imec 就做為大學共同利用的微電子學研究所，以大學研究人員為主約七十人的小體制開始了運作。

一九九九年時，吉爾伯特・迪克勒克（Gilbert Declerck）教授繼承了他的遺志，就任第二代所長，於是，imec 迎來了轉機。

他想要把研究當成商機。

周圍人士對這樣大的轉變投去極大的不滿。

可是 imec 卻趁此機會大為成長。

迪克勒克是在上智大學求學的親日

派，於是開始與日本企業合作。

此外很幸運的是，荷蘭的皇家飛利浦（Koninklijke Philips N.V.）也同在法蘭德斯地區的恩荷芬（Eindhoven），所以開始了與飛利浦有商業往來的國外企業的合作。

荷蘭的曝光機製造商ASML是飛利浦公司的半導體部門（現在的恩智浦半導體）與ASM國際出資建立的合資公司。與imec同樣是在一九八四年間成立。

成立當時的ASML在市占率上被領先的尼康以及佳能大大地拉開了差距。日本企業因為自前主義而奮勇前進，與之相對，ASML則因為imec而與各式各樣的廠商通力合作，加快了開發的速度。例如利用imec的試作產線讓半導體元件製造廠使用開發初期的曝光機，因而獲得了許多回饋。

透過與匯集於imec的全世界半導體元件製造廠合作，就能更快速完成讓使用者方便使用的平台，這就造就了今日ASML的成功。

二〇〇九年時，盧克·范登霍夫（Luc Van den hove）教授就任imec的CEO，他的專業是微影製程，或許這也是ASML的EUV曝光機開發成功的一個遠因。

imec能獲得世界支持的原因，就現

在想來雖是理所當然，但那正是因為其研究開發的方針是與事業直接連結。

例如他們會邊做研究邊以「炒冷飯」為目標。不做打頭陣的那個。不是勉強地取得領導地位，而是與大家和諧相處，在不製造敵人的情況下提高實力，一回過神才發現，他們已經站在了世界的頂端。這就和用在商業上的戰略是一樣的。

而若要用一句話來形容imec的魅力，那就是以顧客為導向。

為此，imec堅持中立的立場。imec從世界各地匯集來投資，逐步削減政府的補助比例，而且不將資助企業加入經營中，藉此來提高其中立性與獨立性。

合約以及研究題目的設定很靈活、融通。只要促膝長談地向他們提出要求，他們會願意打破規則，不辭辛苦去做許多事。如此就能建立起信賴關係。

雖然他們當然會以大型、有勢力的企業為優先，但在面對以獲得主導權為目標的公司以及中小企業時也會柔軟應對，不會讓對方吃閉門羹。誰也沒料想到的技術都非常有可能在將來長出大芽，所以這是個很合理的方針。

「為什麼imec會與d.lab合作呢？」

日本的媒體如此詢問CEO盧克・范登霍夫，而他的回答如下：

「因為他們有著與我們不一樣的想法。」

由此可窺看出他們重視多樣的態度。推動與學術合作的副總經理約・德博克是磁性體的專家。他曾在東京・根津的古民家中一邊吃著烏龍麵一邊暢談兩國文化。

總之，兩國的國民有很多相似之處。

結語

半導體民主與半導體戰爭是一體兩面的。而我在這本書中則是想要書寫半導體民主主義。

十九世紀時俾斯麥曾說過「鐵就是國家」。而鐵打造了近代都市，也生產出了武器。現代則是在爭奪半導體技術的霸權。所以是「半導體就是國家」。半導體能製造出什麼來？又能破壞些什麼呢？這正是在測試我們的創造力與智慧。

晶片製造廠商圍繞著下一世代的晶片生產展開激烈的競爭。

可是，半導體已成了龐大的技術集合體，已非一個企業或國家所可以掌握。我們應該要把它想成是人類的共有財產。

所以我們不是要煽動半導體戰爭，而是要建構晶片網。

技術愈漸複雜化了。因此我們不可以見木不見林。培育森林，也就是打造豐富的產業生態系，正是世界接下來的課題。

在這樣的想法下，讓我獲得靈感的就是植物。植物鮮嫩水潤地覆蓋著地球。正是因為植物有「花」才引起了形成今日地球的大革命。

花與昆蟲間產生出了「共生」的關係，出現了互相讓彼此進化的進化應對「共進化」。

因為花的誕生，生物的進化瞬間加速了。

達爾文所主張的進化論認為適者生存。歸根結底，這個世界就是競爭。可是，如同最新科學所闡明的，生物們所隱藏的進化機制不止有競爭，還有相互支援、通力合作的規則，也就是「超進化論」。

要豐富「半導體的森林」，重要的就是要找出「花」來。我是抱持著這樣的想法而在本書中提出「半導體的超進化論」的。

首先，是以 More Moore 與 More than Moore 的觀點來說明如何製造高性能半導體。

其次，以創新的觀點，也就是 More People 的觀點來思考可以利用高性能半導體來創造出什麼。

我們是否能找到半導體的「花」，以從半導體競爭的時代前進到共生・共進化的時代呢？半導體要成為全球公域，需要金錢以及超越摩爾定律的東西。

那就是吸引來許多人。

是More People。

本書出版時，承蒙了日經BP堀口祐介先生的格外關照。此外，同事近藤翔午也幫忙琢磨、校潤了原稿。我由衷表示感謝。

二〇二三年三月

黑田忠廣

用的是從吉到兆，晶片間傳送資料的速度（單位為位元／秒）用的是從吉到兆，超級電腦的處理效能（單位為處理／秒）用的是從拍到艾，流通的數位資料總量（單位為 Byte）則超過了艾。

就像這樣，積體電路所處理的是有 36 個 0 的天文學式廣大空間。

Ⅵ 超進化論 Epilogue

（39）「亦即，『bottom』是在探究奈（10 的負 9 次方）的微小尺寸，與之相對，『TOP』則是在探究吉咖（10 的 9 次方＝ 10 億），甚至是兆（10 的 12 次方＝ 1 兆）的巨大集積」

積體電路從極小的數字到龐大的數字都會用到。首先，表示小數字的單位有微（10 的 -6 次方）、奈（10 的 -9 次方）、皮（10 的 -12 次方）、飛（10 的 -15 次方）、阿（10 的 -18 次方）。元件的尺寸（單位為公尺）常使用微到奈，容量的大小（單位為法拉）常使用皮到飛、訊號傳播的時間（單位是秒）則是經常使用皮到飛。電流（單位為安培）則多是從微到毫（10 的 -3 次方），電阻（單位為歐姆）則多是從千（10 的 3 次方＝ 1000）到百萬（10 的 6 次方＝ 100 萬）。

另一方面，表示較大數字的單位有吉（10 的 9 次方＝ 10 億）、兆（10 的 12 次方＝ 1 兆）、拍（10 的 15 次方＝ 1000 兆）、艾（10 的 18 次方＝ 100 京）。記憶體以及輔助記憶體的記憶容量（單位為 Byte）

Bell Labs）成為了 CCD 的最高權威。77 年時他轉往柏克萊，與帕特森教授開發出了世界首個 RISC 處理器。他從 84 年起，研究 CAD 與電腦圖學，之後甚至還進入建築以及造型美術的境界領域。

我曾說過：「老師的生活方式簡直就是模擬退火法啊。」

在牛頓法等中，只有在評估值變好的方向上有探索的空間，所以若是根據初始值，有時會受限於局部最佳點，而無法達到整體的最佳點。另一方面，模擬退火法中，因為是因應溫度的機率，有時也會去探索評估值變糟的方向，這點很不一樣。正如稍微進行一下 Annealing（退火）一樣，高溫的期間雖會活躍地在探索空間中來回跳躍，但漸漸地也會降低溫度，穩定下來。

我認為這樣的想法也通用於人生。可是他別說穩定下來了，還總是跳來跳去的。「老師的情況可是向來都沒降溫呢。反而看起來是變熱了。」我一這麼說，他就滿眼淘氣地說：

「模擬退火法適合探索 Static（靜態的）空間，但我所感興趣的空間是生動多變的喔。」

比例，與之相對，若是使用分治法的快速排序，O 則會與 $n\log_2 n$ 成比例，會大幅地縮短」

搜尋時，利用分治法，就可以將線性搜索的 O（n）縮短時間為二分搜尋演算法的 O（$\log_2 n$）。

（37）「約翰森的指導教授是米德」

有一個影片是大衛約翰森為卡弗．米德慶祝 80 歲生日時充滿師徒愛的演講錄影（https://www.youtube.com/watch?v=9kz1ZWO1Dr8）。

在這之中，談到了要注意佈局配色的趣聞。在使用米德教科書的美國，紅色是複晶矽閘（poly-Si gate）。可是在我工作的東芝中，紅色是 Al 配線，所以非常混亂。

（38）「1989 年時，我去到柏克萊加州大學留學。我當時的寄宿家庭就是與大衛．帕特森（David Patterson）一起開發出 RISC-I 的卡羅．賽金」

卡羅．賽金教授的研究經歷很多采多姿。他於 1965 在瑞士的巴塞爾大學（Universität Basel）修畢了實驗物理後，在美國的諾基亞貝爾實驗室（Nokia

愈多，愈會提高產生出創新的機率，最後，繁衍出的想法會覆蓋住整個地球吧」

網路能做到瞬間的空間移動。透過線上會議可以在全世界飛翔。可是還有時差的問題。參加者從全世界各處聚集而來，在這樣的會議上，或是深夜或是一大早就開會的情況並不少見。

因此，若能將大腦連接上網路，是否就能跨越時間的阻隔呢？半夜的會議一如往常地是在睡後舉行，配合開會時間誘導腦波，就能以快速動眼睡眠的狀態參加。在快速動眼睡眠期間，身體的骨骼肌雖是處於放鬆的休息狀態，大腦卻是處於活動的覺醒狀態。這樣的活動比起白天反而更活躍，頭腦是清醒的。所以應該也能進行有建設性的討論吧。

問題在於，隔天早上會記不得在會議上的發言。看到會議紀錄時，對自己的發言應該也會感到很驚訝吧。這時候就可以藉口說：「我是睡糊塗了。」

V 民主主義 More People

（36）「若是用最單純的泡沫排序這個方法，O 會與 n^2 成裝在附近，會比在同一晶片中集積來得更能減低成本。

（34）**「這種方式是用晶片佈線捲繞線圈，因應數位訊號改變流經線圈的電流方向，讓磁場的方向發生變化，並用其他晶片檢測在線圈中產生的訊號極性以返回數位訊號」**

線圈從以前就有在用模擬電路的振盪器等。設計者要儘可能縮小無預期的容量與電阻，所以佈局較大，不太會在晶片上做超過 10 個的配置。

另一方面，若是磁耦合通訊，因為是數位電路，設計者對於無預期的容量與電阻在某種程度上是不介意的。此時能利用多層配線製作小佈局。其他配線會穿過線圈，或也可以在線圈下設置電路。能在晶片上配置超過 1000 個的線圈。

（35）**「大腦若與網路連接，是否會像馬特．里德利（Matthew Ridley）在《理性樂觀主義者：繁榮如何演變》（暫譯。*The Rational Optimist: How Prosperity Evolves*）中所描述的那樣，連結的人口**

Optimization; DTCO），甚至是系統與技術的協同優化（System-Technology Co-Optimization; STCO）。

Ⅳ 百花齊放 More than Moore

（33）「我們不能只仰賴晶片內的集積，在晶片從 2D 進化到 3D 的現在，需要更加劃時代的『接續問題的解套法』」

邏輯、DRAM 以及 NAND 快閃記憶體對元件的要求有很大的不同。邏輯需要高速運作的電晶體，DRAM 需要漏電小的電容器，而 NAND 則需要能捕獲電子的極薄膜。

例如若將邏輯與 DRAM 嵌入同一晶圓中，就要製作高速的電晶體與高效能的電容器兩者。邏輯與 DRAM 的占有面積若是相同程度的，在邏輯的範圍內，用於高效能電容器的流程就會派不上用場，在 DRAM 範圍內，用於高速電晶體的流程則無用武之地。

最後，在各別製造邏輯與 DRAM 後，將兩者安上繼續維持下去。

日本強項之所以能發揮出來，是因為最佳化的參數很多，且從複雜現象中根據經驗和直覺找出了最佳解答的隱性知識與技術訣竅一類，是追求著不斷改善・改良現場的世界。用原本材料所進行的新產品開發如同「千中取三」所說，成功率很低。此外，面對各顧客的客製化要求也不厭其煩，務求「磨合」。總之，誠實製造、品質管理、耐心開發、澈底應對顧客要求的態度等，這些合於日本人特性的點正是競爭力的泉源。

利用電腦找尋材料的材料信息學（MI）研究已經開始了。MI 對日本來說是威脅還是福音？也有聲音指出，MI 會讓強大的企業更強大。

（32）「接著，要以綜合最佳化為目標，而非部分最佳化，期望全體動員努力，從設計開始，到元件、製造、裝置材料的學術」

隨著微細化變得困難起來，電晶體的結構朝 FinFET 以及 GAA 出現大變革，現今也強烈追求設計與製造的協同優化（Design-Technology Co-

為 9 倍，將其他的像素值加上 -1（也就是用減法），中央的像素就會突出，影像就會銳利化。這些計算都可以用行列式表示，所以 GPU 搭載了能有效進行矩陣演算的電路。

關於神經網路，當輸入軸突的信號與突觸的荷重係數相乘合計後的總值超過了閾值，輸出信號就會被點燃。因此，因為這裡也可以重複進行矩陣演算，GPU 也被廣泛用於神經網路的計算上。

（31）「開發出來的步進式曝光機（stepper）攻占了全球市場，為半導體製造裝置的國產化比率做出了貢獻，從 20%提升到 70%」

材料與製造裝置是日本的強項。在材料中，日本的世界市占率超過了 6 兆日圓市場的 65%，在製造裝置中，則有著 7 兆日圓市場的 35%。

日本在 1980 年代半導體強盛時，活用了綜合電機制造商的優勢，強化了材料以及製造裝置的技術力。不久，日本的半導體轉弱，但透過在世界開展事業，仍維持著競爭力。此外，汽車產業也一樣，形成了深廣的產業界生態系統，這之後也會在國土

在一枚晶片上，解決了『大規模系統的連接問題』。最終，人們發現了矽是 IC 的最佳材料」

無塵室的照明要像微影用的阻劑那樣不感光，要使用波長較長的琥珀色 LED。原因就和沖洗照相底片的房間是暗室是一樣的。伴隨著微細化，在曝光裝置中要使用波長更短的光源。若是 13.5nm 的 EUV（Extreme Ultra-violet：極端紫外線）光，在無塵室中就也能使用白色光的照明。

（30）**「可是進入二十一世紀後，由於自動編碼器的深度化成功，將學習上必需的電腦性能提到足夠高的地步，深度學習比起向來的資訊處理，更能發揮壓倒性的高效處理，所以快速地被實用化」**

GPU（Graphics Processing Unit）是針對處理影像的特殊化晶片。除了輸入影響對應的像素值，還使用包含其周遭像素範圍內的像素值，計算輸出像素應對的像素值，以進行各種影像處理（空間濾波）。例如針對 3×3 範圍的 9 個像素值各自乘以 1/9 的係數並相加，就會將範圍內的像素平均化，就能夠模糊影像。相反地，若是只將中央的像素值增置，唯有此處會採用特別的製造流程。亦即先製作位置比源極與汲極更高的閘極，其次，從閘極上澆灌不純物。這麼一來，閘極就會取代光罩，其正下方就不會澆灌不純物，對準閘極兩側製作源極與汲極。就像這樣，將已經形成的圖案做為下個流程的光罩來使用，不用配合光罩的位置就能進入下個流程，這種方式就稱為自對準（self-alignment）。

（28）「其次是只能改變結構」

透過將閘極氧化膜換成電容率高的材料，就能維持電容器的容量，同時增厚物理膜厚，抑制漏電流。這是因為漏電流與物理膜厚呈指數式反比。因著改變了電晶體心臟部位的閘極氧化膜材料這個創新的嘗試，就能有效抑制閘極漏電流。

可是，隨著微細化進展而來的就是源極或汲極與矽基板間所產生的接面漏電流會顯現出來，不得不從根本上重新審視電晶體的結構。

（29）「另一方面，傑克．基爾比在 1958 年發明了體積電路（IC）。透過使用微影，將素子以及佈線集積根據解說（24）（25）可得知，若設元件的尺寸為 x[m]，電流 I[A] 會與 V^2/x 成比例，容量 C[F] 會與 x 成比例，而電路的延遲時間 [秒] 則會與 CV/I 成比例。因此，若固定電壓 V 的數值並將元件的尺寸 x 縮小到 $1/\alpha$，電流 I 就會因 $V^2/x = 1^2/(1/\alpha)$ 而增加 α 倍，容量 C 則會因 $x = 1/\alpha$ 而小至 $1/\alpha$，電路的延遲時間則會因 $CV/I = (1/\alpha) \cdot 1/\alpha$ 而小至 $1/\alpha^2$，形成高速運作。可是功率密度是 $VI/x^2 = \alpha/(1/\alpha)^2$，也就是會以 α^3 的速度急速增加。

（27）「接著，從上面注入與添加到半導體基板雜質極性相反的雜質。最後，將雜質打入閘極兩側半導體基板的表面，就形成了源極以及汲極」

電晶體與配線是做成了立體結構。一般是使用了描繪各層平面構造的幾十張光罩，一邊在晶片表面上反覆進行圖案轉印，一邊從上到下依次製作立體結構。但是，光罩對位的位置會有誤差，所以會在製作的截面間留下些許偏差。夾在電晶體源極與汲極間的通道要盡可能短，而且得在閘極正下方。因此，為了用高精度來製作源極、汲極與閘極的位將以上整理一下就會得知，電流 I 與 V^2/X 成正比，所以利用微縮就會縮小為 $1/\alpha$。

（25）「若電壓、電流、容量各自都變成了 $1/\alpha$，電路的延遲時間也會變成是 $1/\alpha$。因為電路的延遲時間可透過容量 X 電壓 ÷ 電流來求得」

對振幅至電源電壓 V 的 CMOS 電路負荷容量 C 進行充放電的電荷量 Q 是由 $Q = CV$ 所給予，電流 I 是電荷的流速 I 是由 $I = Q/t$（t 是時間）所給予，所以將這兩式聯立解之，就是 $t=CV/I=RC$。也就是說，CMOS 電路的延遲時間可以用電阻 R 與容量 C 的乘積 RC 時間常數來估算。

因此，電壓 V、電流 I 與容量 C 若各自與 $1/\alpha$ 成比例的縮小，CMOS 電路的延遲時間就會小至 $1/\alpha$ 倍。

（26）「這時候，電流會增加到 α 倍，容量會小至 $1/\alpha$，所以電路的延遲時間就會小至 $1/\alpha^2$，電路會更高速地運作。可是電力密度會集增至 α^3，發熱量也會呈正比增加」

比地變成 1/α，容量也是透過面積 ÷ 距離來求得，但因為面積是 $1/\alpha^2$，容量就會變成 1/α」

電流 I 是電荷（單位為庫倫 [C]）流動的速度，可用 [C/ 秒] 求得。

這可以透過因閘極的電場效果而感應到的通道方向電荷密度 [C/m]，與汲極・源極間電場所導致移動通道的電荷速度 [m/ 秒] 相乘而求得。

通道方向的電荷密度 [C/m] 能從電荷為 Q ＝ CV 而求得來類推，可用閘極容量 C 與閘極・通道間的電壓 V 相乘來求得。

在此，設閘極長度為 L，閘極容量可透過 C ＝ ε（LW）/d 來求得，所以每個通道方向的容量就取決於通道幅度 W〔m〕÷ 閘極絕緣膜的厚度 d〔m〕。也就是說，就算微縮，數值也是固定的。

因此，通道方向的電荷密度會與電壓 V 成正比，透過微縮而縮小成為 1/α。

另一方面，汲極・源極電場所導致的通道移動電荷速度，則是取決於汲極・源極間電場，亦即汲極・源極間電壓 [V]÷ 通道長 [m]，所以就算微縮，數值也是固定不變。

（22）「透過進化微影以及製程技術來微縮元件。同時利用加大晶圓口徑以及改良製造技術來提高成品率，增加良品晶片的數量」

若是從圓形的晶圓切割出四方形的晶片，晶圓的周圍就會變得無用了。為什麼晶圓是圓形的呢？

原因就在於製造高純度的單晶矽棒時，在晶圓上塗抹光阻劑或成膜時，甚至是在洗淨晶圓時，透過旋轉晶圓，就能提高純度與均質性。

（23）「元件不論是尺寸還是電壓，若都微縮至 1/α，就能保持電晶體內部電場的穩定」

尺寸的單位為公尺 [m]，電壓的單位為伏特 [V]。電場的強弱，亦即電場強度的單位是每伏特公尺 [V/m]。只要知道了單位，就有助想起物理上的意義。

利用電場效果的電晶體被稱為 FET（Field Effect Transisor）。

（24）「元件的尺寸變成是 1/α 時，流經電晶體的電流與容量也會同樣變成是 1/α。電流與元件的尺寸會成

量化（C），以及降低轉換（fa）」

在電子元件中，資訊是搭載在電子上的。若是 CMOS 電路，用在處理資訊的電荷是 $Q = CV$（C 是電路的容量，而 V 是電源電壓）。這個電荷在唯有電壓 V 下降時所失去的能量就是 $E = QV = CV^2$。電力是每秒都會消耗的能源，而且加上開關變換的次數，就可以用 $P = faCV^2$ 來求得〔f 是時脈頻率，而 a 是開關活動（Switching Activity）〕。

（21）「晶片的製造成本是將每一片晶圓的製造成本除以從一片晶圓上取得的良品晶片數而得到的數值」

晶片的製造成本主要是取決於晶片面積、成品率，以及流程的複雜度。晶片面積小，而成品率又高，就能從一片晶圓獲得較多的良品晶片。此外，流程的製程數愈少，就愈能減低製造一片晶圓的成本。

除了晶片的製造成本，再加上晶片的開發費、封裝成本、測試成本、可靠度驗證成本，還要再追加業務、販售的經費。這些成本再加上利潤才是價格。

英特爾的 CPU 以及輝達的 GPU 是通用晶片，蘋果的 M1 以及 Google 的 TPU 則是專用晶片。

通用晶片是設計成所有人不論任何目的都可以使用，所以電路不得不冗長。而且從過去到未來都要能繼續使用，所以會堆積有歷史的塵垢。與之相對，專用晶片的使用者目的很明確，所以做出了最佳的設計。結果就是能大幅提高電效率。

（19）「高純度的矽取代了沙土」

半導體除了高純度的矽氧樹脂，還使用了各種各樣的材料。此外，該種類在近年正急速增加中。例如在配線中，隨著微細化，就需要更高導電率的材料。以前是鋁，但自 2000 年後就換成了銅以及鎢。今後應該會使用鈷吧。鈷是稀有金屬。製作鋰離子電池時也會用上。全球有半數以上產自非洲的剛果民主共和國，這點就造成了在供給上的不穩定。

III 構造改革 More Moore

（20）「減低電力的方法有三種。低電壓化（V）、低容也就是 360 萬多個，所以在任何情況下，都能用電腦進行澈底的調查。

但是，若板塊數有 100 個，排列數就會超過 157 位數。此時就要放棄搜索全部，而是要找出在某種程度上接近正確答案的解答法。要使用諸如 Mincut（最小割定理）等啟發法的演算法以及稱為模擬退火（Simulated annealing）的近似演算法。

而且，板塊數如果到 1000 個，序列數就會超過 2500 位數。這是一個很廣大的空間，遠超過探索空間據說有 360 位數的圍棋。可是，關於圍棋，Google 發布了能凌駕名人的 AI 技術，而最近，Google 又發布製造出了透過機器學習而超越經驗豐富設計者的配置。

（18）「要解決社會的能源問題，就只能提高半導體的能源效率。透過使用專用晶片，就能比通用晶片提高 2 位數左右的電效率」

通用晶片是被用作一般用途開發出來在市面上販售的。另一方面，專用晶片則是被用作特定用途開發出來，沒有在市面上販售的。以處理器為例，如果對容量值是 C 的電容器施加 V 的電壓，就會儲備 Q ＝ CV 的電荷。單是這樣的電荷，就會從電源移動到地面，如此一來，就會喪失 E ＝ QV 的能量。也就是說，CMOS 電路的能量消耗是 $E = CV^2$。

智慧型手機的電池容量約是 3000mAh。鋰電池的輸出電壓約為 3.7 伏特，所以會儲備有 3 安培 ×3.7 伏特 ×3600 秒＝ 4 萬焦耳的能量。

假設照相時晶片在一秒內會消耗 10 瓦特的電力。這時候，照一張相片就要消耗 10 焦耳的能量，若是拍攝 4000 枚照片，就要提升電池容量。

（17）「專用晶片所要求的並非資本力而是學術。就像從前加州大學柏克萊分校創造出自動生成佈局以及邏輯的技術那樣，現在也需要開創出能自動生成機能以及系統的學術。大學所肩負的責任變重了」

將電路板塊配置在規定區域內並將板塊各端子間按照要求佈線會出現的問題是要將極為複雜的組合最佳化。

板塊的數量若有 10 個，排法就有 10 的階乘，計自動化）技術。透過提高對電晶體到閘極、邏輯的設計抽象程度，來對抗增大的設計複雜性。

可是，不論是多優秀的演算法，最多也只能利用 nlog（n）的程度來處理問題。摩爾定律在 10 年內會增加 100 倍的集積度，這結果就是會導致設計將無法再做出應對，多品種開發的時代將結束，再度轉移至通用時代。

從 2000 年到 2020 年間，一直都是通用的時代。可是能源危機開啟了專用時代的大門。這次，摩爾定律減速了，所以專用的時代會比以前持續得更久吧。

（16）「這樣的制約下，唯有能將能源轉換效率提高到 10 倍的人，才能把電腦打造成是 10 倍的高性能，並且使用手機的時間能長達 10 倍」

若能利用微細化削減電路的容量值，就能減低電路的能量轉換效率。

CMOS 電路是打開電源側的開關，輸出「1」來為容量充電。又或者是打開地面側的開關，輸出「0」來使容量放電。

兩方不同的特長或許是因為均質社會和多樣社會的不同，導致了不同的國民性。

（15）「誠如上述，通用的時代是以硬體創新拉開序幕，以資本競爭閉幕。另一方面，專用的時代則是以設計開發的創新拉開序幕，以摩爾定律閉幕」

對半導體製造商來說，使用相同的光罩大量生產就能獲得利益。另一方面，對半導體使用者來說，透過獲得自己專屬的特別訂製晶片，產品就會產生出競爭力。因為在相反的要求間產生了激烈的市場競爭以及技術創新，兩個時代就像鐘擺一樣往來擺盪著。

先驅者若在新市場開始生出量產利潤，進入那個市場的人就會急速增加，造成過度競爭，導致價格偏低，無法產出利潤。最終，唯有在體力消耗戰勝出的人，才能獨占市場。

另一方面，在這場競爭中戰敗的人就會去追求滿足顧客要求的特製設計技術。特製時代大門的開啟，就引起了技術的創新。

1980 年代，開啟 ASIC 時代的是 EDA（電子設

龐大。我們可以透過大量生產規格化的晶片來追求經濟效益。因此，在激烈的資本競爭後，壟斷就會加劇。處理器中，英特爾市占 7 兆日圓，記憶體中，三星電子則是市占 7 兆日圓。

（14）「日本雖在元件的創新上獲勝，在資本競爭中卻輸了」

1988 年，日本的半導體全球市占率超過了 50%。半導體主要是用在電視以及錄影機等民生機器上。日本企業很擅長於利用模擬技術來提高物理空間的便利性。

之後變成了 PC 與智慧型手機的時代，利用數位技術來開拓虛擬空間。美國很擅長這部分，日本則是強撐苦戰著。

此後所需求的，會是物理空間與虛擬空間的高度融合。日本在收集物理空間中資訊的處理器以及推動物理空間的馬達控制上備受期待。

模擬器是透過技術上的磨合來追求品質上的改善。另一方面，數位則是透過組合軟體模組來追求擴大規模。日本很擅長前者，而美國則擅長後者。

到這件事並制訂好事業計畫。此外，只委託一間製造商會帶來供給上的不穩定，所以大多會向多個製造廠下訂單。因為這樣的情況，在產業界中就會產生出規律來。

最近，能提供最尖端技術的製造廠數減少了。若壟斷加劇，規律就會被打亂，這就會是摩爾定律結束的預兆。

（12）「要想創新就一定要樂觀。去尋求變化，不要害怕危險，離開安居之地，踏出冒險之旅」

關於創新，溫斯頓．邱吉爾留下了如下的名言：「悲觀主義者在每個機會裡看到困難。樂觀主義者在每個困難裡看到機會」。

（13）「電腦的發展就是要大量生產處理器以及記憶體，並讓硬體普及，同時透過軟體，在各種用途上做應用，半導體商業的王道就是便宜且大量提供處理器與記憶體」

電腦是採用由處理器與記憶體所組成的范紐曼型架構。因此處理器與記憶體的半導體市場變得很

必須要預見競爭舞台的第二幕並先行投資。就劍道來說，就是『先發制人』」

日本半導體落後的原因，以及該如何才能挽回那落後，若看得遠些，也可以說是關乎國運的。日美關係從競爭轉變為合作，美金與日幣的換匯只要從日幣漲轉變成日幣跌，風向就會從逆風轉變為順風。現在可以說正是國運的分岔點。「鐵就是國家」這句話來自於 19 世紀時以武力統一德國的俾斯麥的演講。21 世紀則可說成是「半導體就是國家」吧。

（11）「可是，經過 15 年後，因為摩爾定律，集積度增加了三位數，最終，設計就跟不上了。於是，專用晶片的時代就結束了」

摩爾定律並非自然法則。那是產業界的規律。

半導體是大規模的技術累積體。產業界從上游到下游的供應鏈是又深又廣，所以技術開發一定要協調一致。不是兩人三腳，而是兩萬人兩萬零一腳。為了能協調一致，在業界會製作技術路線圖。

假設，即便製造廠 A 比競爭對手 B 搶先一步，早先完成了世代交替，該製造廠的顧客也不會預想

到閘極後，電源測的開關就會開啟，而地面側的開關則會關閉，接著就會從閘極輸出高電壓（以下稱「1」）。同樣地，將「1」輸入閘極後，閘極就會輸出「0」。

將第二個閘極的輸入連接到閘極的輸出，並將該輸出返回到第一個閘極的輸入後，第一個閘極的輸出就會被記憶成是「1」。這樣一來就能形成記憶。只要好好設計電子流經的通路，也就是電路，就能記憶或計算資訊。

透過像這樣數據處理影像感測器輸出的數據資訊，就能拍攝或記憶照片。

智慧手機中集積有數千億個電晶體。假設使用了其中的 1%，會場中的一百隻手機中就會有「數千億個半導體開關」動了起來。此外，如果按照每秒有 10 億次的時脈，而幾次的時脈間開關會動一次，就會有「幾億次的開・關」。

II 捲土重來　Game Change

（10）「不過，僅憑常規，很難找回失落的 30 年。我們

微細化雖會削減晶片內運算所需的電荷量，但無法削減數據資料在晶片間移動時所需的電荷量。只要將分散封裝在各封裝中的晶片堆疊安裝在相同的封裝中，就能將數據資料的移動距離縮短到一萬分之一。結果，就能大為降低數據資料移動時所需的能量。

首先在後製程中從層疊、組裝晶片開始實用化，最後在前製程中就能直接接合晶圓與晶片。前製程與後製程逐漸合二為一。

（8）「但是花朵的誕生讓地球為之一變」

因為誕生出了花朵，植物與昆蟲間開始了「共生」與「共進化」，森林變得豐富起來，動物的繁殖增加，靈長類昌盛興旺了起來。（《NHK 特集超・進化論》來自植物的訊息）。

（9）「在人們的智慧型手機中，數千億個半導體開關開・關了幾億次」

將完全相反動作的兩種開關連接到電源與地面之間就會形成閘極。將低電壓（以下稱「0」）輸入

能或性能也只有部分。因此，改善電效率就就關乎到改善性能。

邏輯半導體是以 40nm、28nm、20nm、16nm、10nm、7nm、5nm、3nm 這樣的速度，隔兩年就不斷進行世代交替。而日本就一直停在了 40nm。興建在熊本的 TSMC 工廠是以製造從 28nm 到 16nm 為目標。2nm 是從 16nm 數起的前五代。與 16nm 相較，電效率高出了一位數。若使用相同的電力，性能會提高 10 倍，若使用相同性能，只要消費 1/10 的電力。Rapidus 以製造最尖端的 2nm 為目標的原因就在這裡。另外還有要越過失落的 FinFET 時代（從 16nm 到 3nm），挑戰從 2nm 開始的 GAA 時代的追趕戰略。

（7）「若能因 3D 集成而大幅縮短數據資料移動的距離，應該就能大量消減花費在移動數據資料的能源消耗上」

物體一旦循著重力而落下，位能就會轉變為動能，會因為摩擦或碰撞而成為聲音或熱量，消耗掉能量。相同的，當電子隨電場移動，會因為電路的電阻產生熱而消耗能量。

國，人口減少已成一大問題。

應該要到來的 Society5.0 是以人為主的社會。第三級產業的服務業是知識密集型的，「相互貢獻智慧」很重要。智慧會產生出價值，在活用個體的總活躍社會中，標榜廣泛。所謂廣泛的意義，指的是「總括的」，所有個人都能前往知識的殿堂，獲得平等的機會。

（6）「另一方面，負責運算的通用處理器電效率，在這 10 年內卻只提高了一位數」

進行微細化後，減少電路的容量成分就能削減電力。邏輯半導體每兩年就會進行世代交替，能將電力削減 30％。也就是說，在 10 年內，能減低到 $0.7^{10/2} \fallingdotseq 0.17$。再加上還有費了點功夫設計微細化，於是就將電效率改善了一位數。

晶片所消費的電力會變成熱量被放出，若是冷卻的速度追不上，部分電路就不得不暫時停電。被停電的部分電路就被稱為暗矽（Dark Silicon）。暗矽的比例會隨著微細化而增加，若是 5nm，會達至 80％。亦即，即便能集積電晶體，有時所引出的機

歐元中，有 80%的收入是來自國外企業。這就是在投資人才與裝備。

利益代表的財團成員不能加入經營管理。少數的幹部會一一拜訪這些財團，靈活且迅速應對他們的要求，收集市場需求，然後將之轉移給由全球人才所組成的菁英集團去實行。也就是說，他們具備了豐富的生態系，吸引全球的菁英，靠著「共生」與「共進化」，引發創新（參考第 VI 章專欄「imec 強大的祕密」）。

（5）「創造數據驅動型社會 Society5.0 所需要的是高度的運算」

若依照內閣府「第 5 期科學技術基本計畫」所說，Society1.0 是狩獵社會，而 2.0 則是農耕社會。第一級產業的農林水產業是勞動密集型，成功的條件是「認真又勤懇」。

Society3.0 是工業社會，4.0 則是資訊社會。第二級產業的製造是資本密集型，成功的關鍵是「又大又好」。日本雖是以工業立國，但大量的消費會提高環境負荷，導致成長受限，加大分化。在先進另一方面，關於公債式的結構則是作為 2050 年伴隨碳中和的綠色成長戰略，為了使以化石燃料為主的經濟・社會、產業結構轉為以綠能為主，實行變革經濟社會體系的 GX，於 2022 年 7 月，在內閣官房成立了 GX 實行會議。其中，制訂能推進 GX 的公債結構，考慮到確保今後的財源，正在進行確認預算額的討論。半導體雖是做為戰略物資，但也備受期待能做為推動綠色成長的物資。

（4）「在與歐洲的 imec 合作的同時，以實現 2020 年代後半量產為目標」

imec 是關於半導體的世界最尖端研究機關，聘僱有 2700 名研究員，擁有 800 名博士生。雖沒有授予學位，學生仍匯集於該地，原因就在於有提供研究人員最尖端的試作產線以及測試裝置。以當地的魯汶天主教大學為首，吸引了來自全世界的研究人員以及學生。

在 imec 經過試作・獲好評的技術會附上保證書推廣到全球。因此，有近 550 間企業將鉅額的研究費與第一線的研究人員送去 imec。其總收入 4.2 億

（3）「為了進一步推動與活化地方相關的投資，在前幾天成立的補充預算中，編立了 1.3 兆日圓」

對半導體產業的投資競爭過於激烈了。在美國，成立了 5 年內投入 527 億美金（約 7.1 兆日圓）補助金的法案。與之對抗的中國政府則發表了 5 年內超過 1 兆人民幣（約 19 兆日圓）的對策。EU 也公布了到 2030 年為止要投入 430 億歐元（約 5.7 兆日圓）的法案。在日本，經濟產業省針對半導體以補充預算的方式，於 2021 年度撥出了 7700 億日圓、2022 年度撥出了 1 兆 3000 億日圓。

誠如本書中所提到過的，半導體的開發需要持續性的投資。日本政府也在商討能持續性支援半導體事業的結構——以經濟安全保障推進法為基礎的結構，以及公債結構〔暫稱：GX（綠色轉型，Green Transformation）經濟移行債〕。

經濟安全保障推進法是在 2022 年 5 月於國會成立，制訂的是關於確保特定重要物資安全供給的基本方針。半導體也是特定重要物資之一。民間業者會因為製作能安定供給特定重要物資的計畫，而受到所管大臣的認可並獲得支援。

（transfer）電阻（resistor），所以如此命名。如果細緻地進行控制，就可以用於加大信號，只要使用開・關，就能變成開關。邏輯晶片就是將半導體開關大規模集積在一起的。

半導體出現之前，真空管是使用電子電路。真空管是一種控制裝置，控制加熱電極後將電子放出到空間中的流動，所以電極會漸漸變細，最終如燈泡般斷開。半導體不會發熱，能在固體中控制電子的流動，所以耐久性很高。晶片就是固態電路（solid-state circuits）。

半導體晶片的製造關乎到許多業者，需要幾個月的時間。半導體不足所引起的情況，就很像突然無法發動・停車的汽車堵塞一樣。滿的生產線無法立刻應對需求的變化。半導體會被用在使用電力的各種產品上。例如若是沒有用於控制汽車雨刷的便宜半導體，就無法完成一輛汽車。半導體的供應一旦停滯，對經濟會出現很大的影響。這就是半導體被說成是經濟安全保障上戰略物資的其中一個原因。

排除了與顧客間的競爭，獲得了信賴，其成功的原因可用「公司的成功在於在適當的時期、適當的地點，以適當的商業模式存在」（《華爾街日報》2021 年 6 月 19 日）來說明。

記憶體等的通用半導體至今仍是垂直整合。此外，邏輯半導體近年來也難以微細化，電晶體的構造持續朝向 FinFET 以及 GAA 做出大變革，極力追求設計與製造的共同最佳化（Design-Technology Co-Optimization; DTCO）。譬如說因為無法在白色油畫布（工廠）上自由繪畫（設計），就必須要準備好適合畫的油畫布。建構製造生產線，就是和顧客的共同作業。若只有少數的大客戶能做到這點，那就會提高工廠的經營風險，所以隨時都須要修正商業模式。

（2）「不用說，半導體是支撐著數據化、脫碳化，同時確保經濟安全的關鍵技術」

半導體這種物質的性質介於導體與絕緣體之間，所以能控制電流。1947 年發明了電晶體（transistor）。因為是在輸入與輸出間轉移

更深入的解說，給想知道更多的人

I 否極泰來 Prologue

（1）「有關於數據化以及水平分工進展緩慢等戰略上的原因」

垂直整合指的是產品的開發從生產到販賣、從上游到下游的過程全都在一間公司做整合的商業模式。另一方面，水平整合則是在自家公司製作產品的核心部分，其他部分則委外的商業模式。這兩者哪一種比較好呢？

為了追求設計與製造的綜合優化，半導體商業本來都是垂直整合。但是在 1980 年代誕生了專用的邏輯半導體 ASIC，完善了設計與製造的介面— EDA（Electronic Design Automation；自動設計工具）與 PDK（Process Design Kit；製造技術模型），所以能進行水平整合。

增加了建設工廠所必須的資本後，受委託製造的專業晶圓代工廠 TSMC 於 1987 年創業。TSMC

Big 435

半導體超進化論：控制世界技術的未來

半導体超進化論：世界を制する技術の未來

作　　者—黑田忠廣
譯　　者—楊鈺儀
主　　編—謝翠鈺
企　　劃—陳玟利
封面設計—林采薇、楊珮琪
美術編輯—趙小芳

董 事 長—趙政岷
出 版 者—時報文化出版企業股份有限公司
108019 台北市和平西路三段二四〇號七樓
發行專線—（〇二）二三〇六六八四二
讀者服務專線—〇八〇〇二三一七〇五
（〇二）二三〇四七一〇三
讀者服務傳真—（〇二）二三〇四六八五八
郵撥—一九三四四七二四時報文化出版公司
信箱—一〇八九九　台北華江橋郵局第九九信箱

時報悅讀網— http://www.readingtimes.com.tw
法律顧問—理律法律事務所 陳長文律師、李念祖律師
印刷—勁達印刷有限公司
一版一刷—二〇二四年三月十五日
定價—新台幣四二〇元
缺頁或破損的書，請寄回更換

時報文化出版公司成立於一九七五年，並於一九九九年股票上櫃公開發行，於二〇〇八年脫離中時集團非屬旺中，以「尊重智慧與創意的文化事業」為信念。

半導體超進化論：控制世界技術的未來/黑田忠廣作；楊鈺儀譯. --
一版. -- 臺北市：時報文化出版企業股份有限公司, 2024.03
面；　公分. -- (Big；435)
譯自：半導体超進化論：世界を制する技術の未來

ISBN 978-626-374-959-7(平裝)

1.CST: 半導體 2.CST: 半導體工業 3.CST: 技術發展 4.CST: 產業發展

484.51　　　　113001542

ISBN 978-626-374-959-7
Printed in Taiwan